建筑行业从业人员继续教育(岗位培训)丛书
陕西建工集团－杨凌职业技术学院企校合作特色教材

建筑工程施工材料管理指南

主　编　沈兰康
副主编　贾宏斌　姜良波　杜立顺
主　审　冯　旭　王瑞良

黄河水利出版社
·郑州·

内容提要

本书是建筑行业从业人员继续教育(岗位培训)丛书,是陕西建工集团-杨凌职业技术学院企校合作特色教材。系统讲授了建筑施工企业材料管理的全过程,对建筑工程的常用材料进行了介绍,收录了材料的消耗量和消耗率,介绍了节材、节水、节能措施。通过学习,可以使学生充分认识建筑企业材料管理的全过程,认知常用建筑材料。在本书编写过程中,融入了编者丰富的实际工作经验,有利于学生操作技能的提高,使学生的知识技能更符合实际工作需要。

本书主要作为高等职业教育土建类建筑工程技术专业、工程造价、工程监理、建筑设备工程技术等专业的教学用书,也可作为其他土建类专业学生以及企业技术人员岗位培训的教材。

图书在版编目(CIP)数据

建筑工程施工材料管理指南/沈兰康主编. —郑州:黄河水利出版社,2015.9

ISBN 978-7-5509-1130-7

Ⅰ.①建… Ⅱ.①沈… Ⅲ.①建筑材料-管理-指南 Ⅳ.①TU5-62

中国版本图书馆 CIP 数据核字(2015)第 108523 号

组稿编辑:王路平 电话:0371-66022212 E-mail:hhslwlp@163.com

出 版 社:黄河水利出版社

地址:河南省郑州市顺河路黄委会综合楼 14 层 邮政编码:450003

发行单位:黄河水利出版社

发行部电话:0371-66026940、66020550、66028024、66022620(传真)

E-mail:hhslcbs@126.com

承印单位:黄河水利委员会印刷厂

开本:787 mm×1 092 mm 1/16

印张:17.5

字数:400 千字 印数:1—1 500

版次:2015 年 9 月第 1 版 印次:2015 年 9 月第 1 次印刷

定价:40.00 元

本书编审委员会

主　编：沈兰康

主　审：冯　旭　杨凌职业技术学院建筑工程学院副教授

王瑞良　陕西建工第七建设集团有限公司总工程师

副主编：贾宏斌　姜良波　杜立顺

编写组成员：（按姓氏笔画排列）

卫宝潮　王斌文　李录超　杜立顺　邢敏娟

杨智莉　周红平　姜良波　夏芳霞　贾榆平

审核委员：

冯　旭　杨凌职业技术学院建筑工程学院院长、副教授

李孝悌　陕西建工第七建设集团有限公司副总工程师、高工

刘　洁　杨凌职业技术学院建筑工程学院副院长、副教授

申永康　杨凌职业技术学院建筑工程专业带头人、副教授

前　言

本书依托杨凌职业技术学院与陕西建工集团成立的校企合作理事会，以校企双方合作创建的企业学院(陕建建筑学院)为平台，根据校企合作共同开发的高等职业教育“建筑工程技术专业”人才培养方案要求，通过对国家有关部委最新的规范、标准和同行业的相关资料表格解析，结合工程施工材料管理工作综合性强、涉及面广、内容繁杂的特点，以按篇分章模式进行设计和编写，属于该学院由企业主导编写的教材。

本书涵盖了工程项目在施工过程中材料管理工作的全部内容，对工程项目材料管理具有较强的指导性和实用性，是工程项目施工材料管理人员必备的工作手册，按其操作，能够及时进行工程项目施工材料动态管理，真实展现工程项目材料管理水平，不断促进工程项目材料管理规范化、标准化。主要内容由材料管理制度及办法、材料管理部分、常用材料验收保管方法、材料需用量参考定额及材料损耗率、绿色施工措施等五篇组成。第 1 篇材料管理制度介绍了基本方法、两类特殊材料、收款及诚信、管理职责等；第 2 篇材料管理介绍了材料管理的流程、计划、采购、合同、现场、周转、结算、交接检查等；第 3 篇常用材料的管理办法介绍了 29 种常用工程施工材料的管理方法；第 4 篇材料定额及损耗率介绍了 67 种材料的消耗定额及损耗率；第 5 篇介绍了节材、节水、节能措施。

本书在编写过程中，突出针对性、实用性，突出对解决建筑施工材料管理实践问题的能力培养，力求做到特色鲜明、层次分明、条理清晰、结构合理。教材组织不仅体现了建筑工程项目施工材料管理过程及现场材料管理的实务技术，且有机结合了陕建集团在工程材料管理方面的大量制度措施，使得教材内容更能接地气。

本书编写人员及编写分工如下：陕西建工第七建设集团姜良波、杜立顺编写第 1 篇，陕西建工第七建设集团杜立顺、王斌文、周红平编写第 2 篇，陕西建工第七建设集团王斌文、卫宝潮、夏芳霞、邢敏娟编写第 3 篇，陕西建工第七建设集团贾榆平、杨智莉编写第 4 篇，陕西建工第七建设集团姜良波、李录超编写第 5 篇。本书由陕西建工第七建设集团沈兰康担任主编；由杨凌职业技术学院冯旭、陕西建工第七建设集团王瑞良担任主审。

本书是建筑工程施工项目材料管理工作的指导书，可作为高等职业教育土建类建筑工程技术专业、工程造价、工程监理、建筑设备工程技术等专业的教学用书，也可作为其他土建类专业学生以及企业技术人员岗位培训的教材。

编者在编写过程中，所参考和引用的资料表格，在此谨向原编者表示衷心的感谢！

由于时间仓促，编者水平有限，书中难免存在缺点和疏漏，恳请广大读者批评指正。

编　者

2015 年 6 月

目　录

第1篇　材料管理制度及办法

第2篇　材料管理部分

第3篇　常用材料验收保管方法

第4篇　材料需用量参考定额及材料损耗率

第 1 篇　材料管理制度及办法

1.1　材料管理办法

材料管理办法

为了加强材料管理工作，提高企业经济效益，降低工程成本，满足项目部经济目标考核和精细化管理，逐步加大材料集中采购步伐，实现材料管理程序化、规范化、标准化、常态化，达到企业材料管理一定水平，特制定本办法。本办法未涉及的部分按 QEO 综合管理体系程序文件相关内容执行。

1　计划管理

1.1　项目开工前，项目经理组织各专业人员、各专业工长，根据工程量清单、确定的施工方案和施工图纸编制整个工程的材料需用总计划。

1.2　每月 25 日前项目各专业工长，根据次月的施工进度计划，编制月(旬、周)材料需用计划。

1.3　材料组接到需用计划后，核对库存、计算经济采购批量后编制材料采购计划、集中采购材料、大宗材料由基层单位材料科统一编制材料采购计划，采购计划可按月(旬、周)编制。

1.4　工程变更材料及时变增、变减。

1.5　低耗材料计划，需主管领导审批，可直接采购。

1.6　各种材料需用计划和采购计划都必须讲究严肃性、准确性和及时性；使用标准计划表；计划表要求内容详细、完整，有名称、规格、质量、数量及需用(采购)时间。

1.7　材料计划字迹工整，编、审、批手续齐全。

2　材料采购

2.1　确定供应商资格

2.1.1　对供应商的经营资格和信誉，提供产品的质量；供货能力；产品的价格；售后服务等进行全面调查评价。

2.1.2　确认供应商资格：调查评价合格的供应商进入合格分供方名录，集团公司材料管理部在项目部、基层公司确定的合格分供方中选择优秀的合格供方，在集团公司范围内使用。

2.1.3　对建设方推荐的供应商，必须按集团公司的评价办法进行评价，评价合格后方可使用。

2.2 材料采购方式

2.2.1 对于大宗物资、集中采购的材料、采购金额较大(大于100万元)的材料,必须采用招标采购,经过邀请采购策划名单中的合格供应商,发放材料招标采购邀请书、开标、评标等程序,确定最佳供应商。

2.2.2 议标采购

对于不具备招标采购条件,价值在10万~100万元范围内的材料,可采用议标采购,议标采购的供应商选择不少于三家,需编制价格对比表,有洽谈记录。

2.2.3 询价采购

对于零星材料、单项物资价值低的材料、特殊要求材料可询价采购,询价采购的供应商选择不少于三家,进行价格、质量对比,确定最终供应商,并留有记录。

2.2.4 各基层单位、项目部成立材料招标采购小组,招标采购由基层单位材料招标小组负责;议标、询价采购由项目部材料招标小组负责。

2.3 采购合同

2.3.1 合同文本必须使用集团公司制定的统一合同标准文本。

2.3.2 合同按集团公司的合同管理办法进行评审,各基层单位对本单位在权限范围内签订的合同进行评审,合同评审的意见必须具体、明确、详细。

2.3.3 不允许项目部私自变更合同、签订补充协议或承诺书等,确需变更的合同,应按原评审程序重新评审。

2.3.4 项目部、基层单位建立材料合同台账、履约台账,随时关注合同的履约情况。

3 材料的验收、存储、使用和现场管理

3.1 材料验收

3.1.1 所有进入施工现场的材料(包括项目部自行采购、集团公司、基层单位统一采购、建设方采购、分包方采购用于工程的主要材料、辅助材料、周转材料)都必须进行验收。验证依据、验证内容、验证方法符合合同约定及相关标准要求。

3.1.2 大宗材料进场,先在门卫处登记,并填写《施工现场收料登记簿》。

3.1.3 库管员进行资料文件、品牌、规格、型号、数量、外观质量验收,大宗材料数量由材料主管及库管员共同验收。

3.1.4 库管员通知质量员、相关工长进行进场材料质量验收。

3.1.5 三方联合验收的材料提前24小时通知建设方和监理,见证取样的由实验员在监理工程师或甲方代表的见证下取样送检。

3.1.6 库管员负责填写到货物资记录,质量员负责填写检验、验证结果通知单(需复试的材料待复试合格后,方可填表),三方联合验收填写联合验收表。

3.1.7 验收合格产品入库,进行标识,需复试产品悬挂待检标识,不合格品单独存放,及时退场。

3.2 材料存储和保管

3.2.1 项目部材料组按现场平面布置图要求,合理堆放材料。全面建立水泥库、易

燃易爆库、周转料库房、小型机具库房、低值易耗品库等。

3.2.2　材料存放、保管符合集团公司《施工现场标准化建设手册》要求；符合安全、防火、防盗、防潮、防变质、防损坏要求；入库材料按品种、规格、质量整齐码放，并悬挂卡片和材料标识牌。

3.2.3　现场材料、库房材料应做到账、物、卡（标识）相符，坚持按月结算、盘点，库管员对现场库存材料做到心中有数，做到库存材料无积压、闲置。

3.3　材料的发放

3.3.1　主要材料的发放严格按专业工长提供的限额领料单发料，严禁以领代耗。

3.3.2　低值易耗材料发料填写领料单，领料人签字后方可发料，严禁先发料后办手续。

3.3.3　材料的发放实行先进先出、推陈储新的原则。

3.3.4　根据材料的性质及过程特点，严格控制材料紧急放行（商品混凝土、水泥、钢筋、焊条等重要材料不可紧急放行），紧急放行应由主任工程师审批，紧急放行的同时要通知质量部门进行检验或试验，库管员做好标识和记录。

3.4　材料使用

3.4.1　材料使用符合绿色施工要求，优化各种材料的配料下料方案，下料前认真比对，确认放样无误后下料。

3.4.2　项目部各岗位人员对现场各个环节材料的使用有监督义务，发现问题及时处理，杜绝浪费。

3.4.3　和劳务分包单位签订的合同中应有材料使用条款，控制材料损耗率，减少浪费。

3.4.4　及时回收过剩材料，重新办理退料入库手续。

3.5　废料处理

3.5.1　基层单位成立废旧物品处理小组，废旧物品处理小组由基层单位材料科人员、财务科人员、党政廉政监督员、项目部人员组成。

3.5.2　废料由废旧物品处理小组处理，留有记录。

3.5.3　处理的废料收入应上缴财务，冲减项目成本。

4　周转材料管理

4.1　各专业工长严格按施工方案计算出的周转材料需用量编制周转材料需用计划，计划要有质量要求，有详细数量，有进场时间要求，编、审、批手续齐全，严禁无计划供料。

4.2　项目部应选择信誉好、供货能力强的租赁公司。周转材料的租赁必须签订租赁合同。

4.3　周转材料进场杜绝整车收料，应当对租赁物逐一验收，周转材料进场验收由材料员和安全员、相关工长共同参与，并留有验收记录。

4.4　项目部和劳务分包队伍应签订周转料管理协议，严禁领用、使用无协议，无手续。

4.5　周转材料按现场平面布置图的要求合理、整齐码放，周转材料配件应入库存放。

4.6 项目部建立周转料进出场明细账、周转料结算台账，每月与租赁公司进行结算，并对账。必须有二人以上对出租方的结算单进行复核，租赁材料退场一个月内，必须结清全部租赁费，租赁材料跨年度使用时，应在当年结清本年度的租赁费用，否则不予结算。

4.7 结算后出租方提供合格发票，否则项目部不得付款，出租方若提供假发票，将承担一切后果。

4.8 周转料管理人员对周转材料的闲置量进行统计，做到心中有数，严禁周转材料的积压。

4.9 项目部材料人员有权按管理协议对周转料的使用实施监督管理，周转料的使用应做到工完场清，不使用的周转材料及时入库、上架。

4.10 周转材料按合同约定检尺归还。

5 甲供材管理

5.1 甲供材计划

5.1.1 开工前，项目部必须编制甲供材的实际需用总计划，并提前与预算清单量进行对比，对甲供材中的节余部分除在大合同约定结算办法外，项目部应提早制定应对措施，向甲方及时索取结算，以防效益的流失。

5.1.2 项目部根据施工进度计划要求，提供准确的甲供材进场计划，计划的提供时间和材料的进场时间应和甲方充分协商，给甲方充足的采购时间；当月进场材料数量必须保证工程进度正常进行。

5.1.3 甲供材计划报编、审、批手续必须齐全。

5.2 甲供材的验收

5.2.1 按施工大合同要求，甲方、监理方、施工方同时对进场材料进行联合验收。

5.2.2 甲供材进场进行技术资料，品牌，尺寸、规格、型号，数量、质量验收。

5.2.3 检查进场材料的供货时间是否按合同及供货时间计划要求执行。如供货时间延误造成工期、经济损失，则由核算员直接向甲方书面报告，办理经济索赔和工期顺延相关事宜。

5.2.4 验收合格或检验合格后，方可打正式验收单。对不能直观验收的材料或数量较大无法开箱验收的材料，不能打正式收料单，只能打暂存条并载明该条不做结账依据。

5.2.5 项目部的验证不能免除甲方提供合格材料的责任，甲方对甲供材质量负全责。

5.3 甲供材的保管

5.3.1 材料保管存储按材料的保管储存相关要求执行。

5.3.2 若一旦发现甲方提供的材料丢失、变质、损坏时应填写：甲方提供材料丢失、变质、损坏处理报告一式四份，并在报告上对发生原因作出描述，材料负责人与甲方协商并作出处理意见，质量部门对处理实行验证，将验证结果填写在处理报告表相应的栏目内，并注明日期。

5.4 甲供材的结算、报耗和账务处理

5.4.1 项目部应及时与甲方沟通，日清月结，并按月办理双方数量、单价确认单，或办理材料调拨手续。

5.4.2　根据甲供材的数量、单价确认单或材料调拨手续办理正式的入账报耗手续。

5.4.3　大合同有采保费的，按约定办理采保费的收取工作。

5.4.4　甲供材单独建账。

6　材料结算、账务处理和材料报耗

6.1　材料结算

6.1.1　材料结算应及时、准确。大宗材料每月20日左右与供应商进行一次结算。结算时核对材料数量、单价，材料进场日期等。

6.1.2　原则上结算要求供应商开据发票。

6.1.3　按发票（甲供材调拨手续）编制收、领料单，记账、报耗，完成内部结算手续。

6.2　账务处理

6.2.1　项目部建立材料明细账、资金账、甲供料台账、暂估材料账。

6.2.2　材料账日清月结，记账凭证真实、有效；账务处理要系统、严密、及时、正确。

6.2.3　收、发、领调拨单分月装订成册。

6.2.4　减少材料的暂估处理。暂估材料要及时结算、及时冲减。

6.3　材料报耗、盘点

6.3.1　每月按材料明细账、暂估账，甲供料账的收入发出量，核对库存量，半成品量，按实编制材料报耗表。严禁以领代耗，不得超报、压报、漏报、瞒报。

6.3.2　木竹材，工具性材料（配电箱，小型工具、型钢）合理摊销，周转材料租赁费按月结算，据实报耗。

6.3.3　每年第三季度末、年底对库存材料进行盘点，编制材料盘点表，盘亏材料找出原因。

6.3.4　项目部材料报耗表、盘点表报基层单位材料科；材料科汇总后报集团公司材料管理部，材料报耗表采用电子表格形式，通过办公自动化系统上报。

7　材料成本管理

7.1　项目经理应组织项目部预算组和材料组进行材料总需用计划量和清单材料量（投标预算材料含量）对比，清单价格和市场价格对比，发现问题找出原因，并提出应对措施、纠正方案。

7.2　对建设方认质认价的材料项目经理、材料主管应和建设方、供应商多沟通，采取多种方式争取价格利润，避免出现“认价低，采购高”的现象，应收取采保费和计取相关费用。

7.3　签证变更材料项目部应以业主的变更为依据，得到业主监理的相关签字确认后，经双方合约组业务主管确认才能采购材料，变更数额巨大的，决不允许先采购后补办手续。

7.4　基层单位材料科科长应合理调配本单位材料资源，材料科科长和材料主管编制采购计划时应计算经济采购批量，减少库存和积压。

7.5 材料主管、库管人员按照材料的特性存放、保管材料，合理划分区域，减少材料在存放过程中的损失，减少二次搬运。

7.6 和分包单位签订的分包合同中必须有材料管理的协议书，约定材料的使用、控制损耗率、奖惩办法等内容，予以落实控制。

7.7 材料管理人员有权监督材料的使用，对材料使用中的浪费现象有权报项目经理，给予处罚。

7.8 项目经理每月组织项目管理人员对材料的成本情况进行分析，找出盈亏原因，做出说明，并制定相应的控制措施。项目部按基础部分、主体部分、装饰三部分进行材料成本核算，如实提供经济责任考核资料，便于兑现。

7.9 项目部材料主管每月填报成本分析表，随材料报耗表报单位材料科，材料科汇总后，报公司材料管理部。

7.10 项目部应组织相关人员严格按制定的材料成本控制措施控制，并有检查，发现问题及时整改。

8 材料人员的手续交接

8.1 材料人员因工作需要调离时，办理交接手续。

8.2 离职交接包括所有实物、账册、凭证、文件、合同、表册等，由项目部主管经理或材料科派员监交，交接手续不清，不得离任。

8.3 交接中如遇账物不符、不全等情况，应由移交人负责查办。

8.4 交接完毕，办理交接清单，移交、接收、监交三方签字。

9 分包方材料管理

9.1 分包方自主采购的材料、租赁的周转材料，我方相关管理人员对其质量进行控制，审查材料标准的准确性，供方有关材料质量保证的真实性、有效性、完整性。

9.2 分包方材料的进场验收必须按照材料进场验收的方法和程序进行。分包方的材料进场尤其是涉及主体结构安全、功能性的材料，我方相关管理人员应参与验收，并留有记录。

9.3 分包方的现场材料管理应按集团公司标准化建设的要求执行，接受我方相关管理人员监督检查。

9.4 集团公司材料管理部、分公司（直属项目部）材料科应对分包方的材料管理进行检查、监督、服务、指导。

10 检查、监督、指导和持续改进

10.1 集团公司材料管理部，基层单位材料科对项目部的材料管理进行全面检查、定期检查、专项的检查。检查可通过访谈、查阅文件和资料、现场实地查看、仪器测量、检查表等方法进行。

10.2 对检查中发现的问题提出立即整改、限期整改等要求，严重的问题应提出检查/监督报告，验证整改情况。

10.3　项目部对检查中提出的问题认真对待，积极落实整改。

10.4　集团公司材料管理部定期对基层单位材料科的工作进行检查、监督。

本办法自下发之日起执行。

材料管理部
2014年7月22日

1.2　劳保用品管理办法

劳保用品管理办法

为了让职工在生产过程中得到更好的劳动保护，规范劳保用品的发放与管理，特制定本办法。

劳保用品按防护性能分为一般劳保用品、特种劳保用品。一般劳保用品指工作服、手套等；特种劳保用品主要指安全帽、安全带、电焊面罩、绝缘鞋、防尘口罩（面具）等，本制度主要适用于特种劳保用品。

一、材料组负责人按照项目生产组提供的劳保用品需用计划到有经营资质的劳保用品商店进行采购。劳保用品必须具有生产许可证、产品合格证、安全鉴定证和安全标志。

二、劳保用品进场后，应由材料员、安全员按标准进行验收。

验收的内容和方法如下：

1.“三证一标志”是否齐全有效。

2.产品外观检查。

3.必要时通过试验器具检验。

4.验收应留有记录，并有相关人员签字。

三、劳保用品的发放、使用

1.验收合格的劳保用品由库管员按需进行发放，劳保用品的发放应留有记录，并有领用人亲笔签名。

2.劳保用品的使用人员要严格按照使用说明书要求，正确使用劳保用品，每次使用前对其检查，并对劳保用品进行维护保养及测试；安全员应对劳保用品的使用进行检查，发现问题，立即整改。

四、劳保用品的报废

库管员负责将损坏、到达使用年限的劳保用品回收，并予以报废。

1.3　易燃易爆有毒物品库的设置、安全要求及管理制度

易燃易爆有毒物品库的设置、安全要求及管理制度

1　易燃易爆材料管理办法

1.1　管理职责

(1)项目部主管领导对易燃易爆材料仓库的设置、设施、消防安全负有监督检查责任。

(2)项目材料组组长按照有关规定,对易燃易爆材料的安全管理负有组织实施、全面落实的责任。

(3)仓库保管员是易燃易爆材料验收、保管发放、防火的第一责任人。

1.2　管理要求

(1)易燃易爆库不能和住宿、办公、操作间在同一栋建筑物内,离住宿、办公、操作间、火点15 m以外,消防通道要畅通。

(2)根据有关规定《危险货物品名表》(GB 12268)分类分项储存,化学性质相抵触或灭火方法不同的易燃易爆材料不得在同一房内储存。

(3)采购人员应严格执行采购计划,按质按量采购、安全运输到收料仓库。

(4)仓库保管员在收料时,保证环境安全的情况下,严格审核有关资料,认真验收,仔细登记,并挂卡标识。

(5)不超储,合理堆放,应轻拿轻放,防止碰撞、拖拉和倾倒。照明灯泡不得大于60 W,人离灯熄、门关。

(6)发料时,保管员应认真审核发料凭证,当面点交清楚,不得无料单发料。

(7)库区应张挂消防安全警示牌、火警电话牌、第一安全责任人牌,并设置完整有效的消防设施。

(8)仓库保管员应严格执行仓库管理制度,掌握易燃易爆材料管理的基本常识,会使用消防器材,牢记火警电话119,遇到险情不退缩。

(9)仓库保管员应做好交接台账,管好各种凭证。

(10)项目材料组组长应组织有关人员对易燃易爆库进行定期和不定期的检查,以保证易燃易爆仓库的有效管理。

1.3　事故责任

在易燃易爆材料的管理工作中,若发生责任事故,应按集团公司有关规定和《国家安全生产法》第九十条有关规定查处。

2　易燃易爆危险品库管理制度

1. 库房内应符合防爆、防雷、防潮、防水和防鼠的要求,保持通风良好,湿度适宜。

2. 仓库应设置在隐蔽、安全的地方,并应有专人管理看护。

3. 库房内严禁吸烟和禁带火种，门口悬挂或张贴“危险区域、闲人莫入”的醒目标志。

4. 保管和领用人员必须当面点数签字，领用人员亲自送到现场，中途不得转手。

5. 作业完后剩余的物品和材料，应分别送入库房存放，并登记入账。

3　易燃易爆库的设置与安全要求

为了从措施上杜绝重大的火灾事故，易燃易爆材料应与其他材料分开存放，均需建立易燃易爆品库房，这些库房主要有变电间、易燃易爆品库房、氧气乙炔等，现对它们的设置与安全要求作如下的说明：

1. 变电间、易燃易爆库与临时设施的间距不得小于15 m，存放汽油等易燃物品库房应单独修建，并与建筑工程用火作业区、易燃材料堆放区均保持不小于30 m，禁止在高压线下搭设易燃品库及堆放易燃材料。

2. 库房必须单独设置在临时设施区域的常年下风向，并保持15 m的间距，变电间、氧气乙炔库以及存放易燃物品的库房，应单独设置在地势较高、不易积水的地带，并使用非燃材料建设，室内高度不得低于4 m，应有良好的通风，存放乙炔发生器的库房，其屋顶采用轻度材料。

3. 在这些库房门前应按规定设置消防器材，消防器材应有专人负责维修保养。

1.4　有毒物品的保管、发放管理制度

有毒物品的保管、发放管理制度

1. 有毒物品设专库，并由专人保管，保管人员应懂每种材料的性能特点和保管知识，并严格按产品说明书的要求存放。

2. 堆放时应将产品的标识和说明书外露，以便查找。

3. 对人身安全有危害的有毒物品，应对接触该产品的人员配备防毒保护用品，确保人身安全。

4. 库房外应设醒目的标志，并严禁其他人员靠近。

5. 发放时应按产品说明书的要求，并采取先进先出的原则发放。

6. 保管人员应经常检查物品的保管情况，避免因保管不善而造成的产品受潮、变质或泄漏等情况的发生，发现问题及时处理。

7. 对于工程竣工后剩余的有毒物品应及时予以处理，以避免造成人身伤害或不必要的经济损失。

1.5　大宗材料集中采购管理办法

大宗材料集中采购管理办法

为了加强项目成本管理，提高项目盈利水平，提高企业经济效益，增强企业市场竞争

能力,有效利用社会信用资源,扩大大宗材料集中采购能力,从根本上解决大宗材料采购的难题,特制定本办法。

1　总　则

集团公司成立材料供应公司,业务由集团公司材料管理部负责。材料供应公司(材料管理部)在集团公司领导下,负责公司内部大宗材料的集中采购与供应。

2　组织机构图

组织机构图如下:

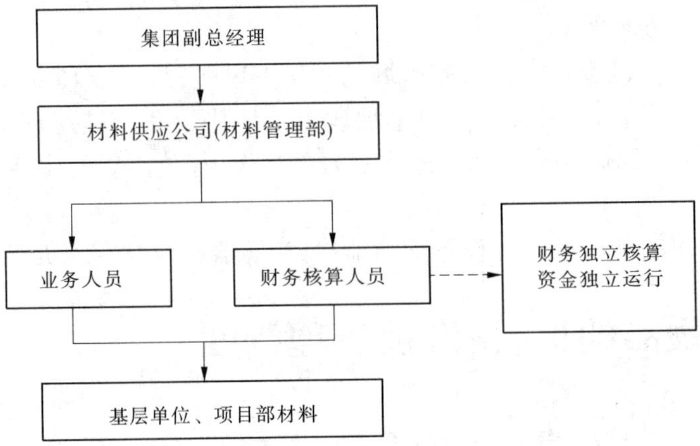

3　岗位职责

1. 公司领导小组统筹,指导大宗材料集中采购供应工作,决定采购供应机制的变更,解决集中采购的重大问题,并对资金的运用进行监控和协调。

2. 材料供应公司(材料管理部)负责招询标确定供货商,组织对供应单位(项目部)的信用评估,资金筹集,与供应商签订采购合同,与供应单位(项目部)签订供货协议。具体业务人员负责对供应商的业务结算,内部调拨手续办理,材料账务处理,解决供应环节的有关业务问题。

3. 材料供应公司(材料管理部)的财务核算人员负责集中采购材料供应的独立财务核算及各种财务手续的办理,包括建立集中采购的各类总分账,收付货款,银行承兑办理,银行还款,利息支付,账务处理,对基层凭证列转工作、红利计算,供应单位资金占用费计算。

4. 基层公司、直属部负责材料的供应计划提供,材料的进场验收,供应中各种数据和文件的收集整理。

4　供应类别、范围

1. 供应类别

钢材、商品混凝土及木竹材、钢化材料租赁等。

2. 供应范围

集团公司所属项目部,所有自购钢材、所有自购木竹材、钢化材料租赁。

5　集中采购工作流程

5.1　项目部根据当期钢材用量或经济批量提出采购计划,报集团子公司或直属部材料科。

5.2　集团子公司或直属部材料科分项目汇总当月或当期采购总量,审批后报集团公司材料供应公司(材料管理部)。

5.3　材料供应公司(材料管理部)根据各基层单位采购申请情况组织公司有关领导、部门进行评估(评估按七款规定),确定最终供应项目及数量,承兑办理金额。

5.4　与基层单位(项目部)签订供货协议,如有需要,则进行资金筹集。

5.5　财务核算人员收付保证金,办理银行承兑,支付货款。

5.6　材料管理部组织供货。

5.7　项目部材料组对进场材料进行验收。

5.8　账务处理和核算

5.8.1　材料供应公司(材料管理部)开设集中采购资金专用账户。集中采购的资金专款专用。财务核算人员分别设立供应商明细账,资金筹集账,承兑汇票台账,应收应付款账,资金占用费账,红利结算账等(承兑汇票台账明确反映出票日、到期日,办理单位等内容)。

5.8.2　业务人员每月和供应商统一进行结算,核对供货量和供货价格,收取货款、运费和贴息发票,开据调拨单,对供应单位进行列传。

5.8.3　财务核算人员对集中采购的材料独立核算。每月根据供货协议对供应单位的资金占用费进行结算,并对出资人的红利进行分配。

5.9　货款回收:材料供应公司(材料管理部)按 6.3 条款资金回收办法,保证货款的按期回收,保证银行承兑的按期归还。

工作流程图如下:

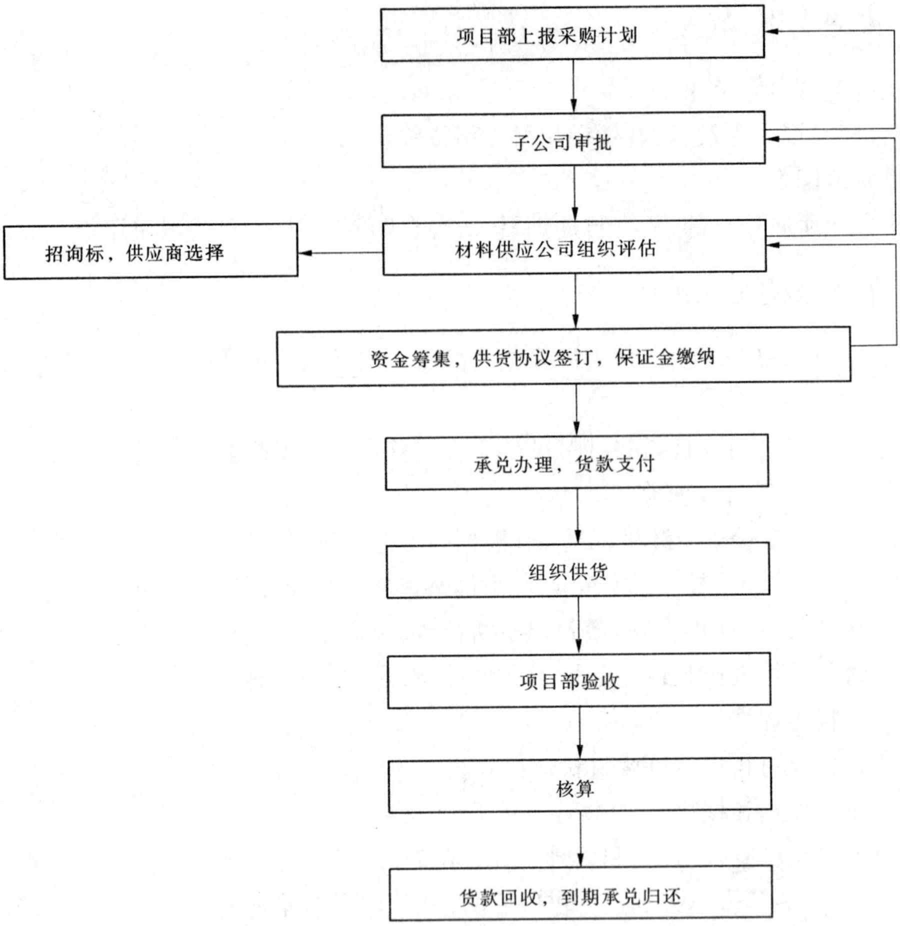

6　资金运行

6.1　资金筹集

6.1.1　资金筹集有材料供应公司(材料管理部)筹集或项目部自行筹集两部分。

6.1.2　筹集资金的金额以满足承兑保证金或到期承兑应归还的差额为限。

6.1.3　筹集资金产生的出资人红利到期兑现,并计入采购成本。

6.1.4　资金筹集方案和红利兑现方案由集团公司和子公司两级领导审批,报总会计师批准后方可办理。

6.2　承兑汇票的办理

6.2.1　集团公司每月保证足额承兑汇票,保证材料集中采购工作正常进行。

6.2.2　承兑汇票审批按集团公司审批流程进行。

6.2.3　办理银行承兑汇票产生的手续费不再对基层单位分摊。

6.3　资金回收办法

6.3.1　各子公司(项目部)必须按照与材料供应公司(材料管理部)签订的还款协议执行。

6.3.2　对不按供货协议还款的单位，降低信用等级，暂缓集中采购承兑汇票的办理，对于欠账时间较长的单位，集团公司在回收的工程款中直接划拨。

7　对实施单位(项目部)的诚信评价

1. 评价周期：每月对申请的项目部进行评估，每半年对实施单位评价一次。
2. 评价组织机构：财务副总，生产副总，资金中心，材料供应公司(材料管理部)。
3. 评价内容：营业收入情况，债务情况，资金回收情况，到期承兑归还情况。
4. 根据评价结果，确定授信等级，提高或降低实施单位授信额度。对评价等级良好的子公司(项目部)足额办理银行承兑汇票；对评价等级一般的子公司(项目部)限制银行承兑汇票办理额度。

材料管理部
2014年5月15日

1.6　大宗材料集中采购供货协议(钢材)

大宗材料集中采购供货协议(钢材)

合同编号：

甲方：陕西建工第七建设集团有限公司材料管理部
乙方：
签订地点：　　　　　　　　　　　　签订时间：　年　月　日

根据《中华人民共和国合同法》和有关规定，本着平等公平的原则，为明确买卖双方的权利、义务，经双方协商一致，签订如下协议。

一、产品名称、商标、型号、厂家、数量、金额。

产品名称	牌号商标	型号规格	生产厂家	计量单位	计划用量	合同单价(元)	总金额(元)	备注
按项目部计划为准								
合计人民币金额(大写)：						(以实际验收量为准结算)		

二、质量要求技术标准、卖方对质量负责的条件(要求注明产品标准代号)：卖方所供钢材必须符合GB 1499.1—2008，GB 1499.2—2007标准，及GB 5066—2011标准中第5.2.2条款要求。卖方所提供的钢材，必须全部保证质量，钢材质量均有可追溯性。

三、交（提）货地点、方式：卖方运送至买方施工现场的指定地点（必须明确项目具体名称地点）。

四、供货时间及周期：（必须明确）。

五、运输方式及到达站港和费用负担：装车及运费每吨　　元，由　　支付（运费及装卸车费由卖方或买方承担直接明确约定）。

六、验收标准、方法及提出异议的期限：现场进行钢材的长度、直径、管材壁厚、外观、数量验收，钢材材质单及质量证明文件随货提供；送到工地的钢材买方应在十五日内按第二款钢材验收标准复试，如卖方所供钢材经现场验收和复试有质量问题，卖方无条件退换，并承担全部费用。

七、付款办法。价格按第　　种执行：

1. 供货前付全款（即货款＋运费），价格下浮__元/t。

2. 供货前付承兑（货款＋运费＋贴息），保证金自交，公司办理承兑。价格下浮10元/t，到期银行承兑，材料使用单位自付。

如直接划拨不成，按下面3条的规定收取资金占用费办法执行。

3. 保证金公司垫付，公司办理承兑，价格下浮10元/t。到期银行承兑，材料使用单位自付。保证金由公司融资部分，自项目部供货次日起收取____元/t集资费用，货款付清即终止。欠款在三个月以上六个月之内，收取__元/t、__天的资金占用费，六个月以上一年之内，收取____元/t、____天的资金占用费，不再重复计息。超过一年将直接从欠款单位收款内全部扣回。货款付清，计息终止。

项目办理____万承兑还款计划表

还款时间	还款金额	划拨办法	违　约	备　注
		在该项目当月到账金额中扣除，若当月甲方未能付款时，在次月累计扣除	在××单位到账金额中直接划拨	已交保证金××万元
合计				

公司材料管理部：

公司主管领导：

项目材料主管：

项目经理：

公司/直属部材料主管：

公司/直属部财务主管：

公司/直属部领导：

（加盖公章）：

年　月　日

1.7　材料集中采购收款申请表

材料集中采购收款申请表

申请部门		申请日期	
欠款单位		欠款金额	
申请收款金额		申请收款日期	
资金中心	签字： 日期：		
生产副总	签字： 日期：		
财务副总	签字： 日期：		
备注			

1.8 子公司(项目部)诚信评价表

子公司(项目部)诚信评价表

<table>
<tr><td>评价内容</td><td>评价部门</td><td colspan="3">评价意见</td></tr>
<tr><td rowspan="3">营业收入情况
债务情况
资金回收情况
承兑归还情况</td><td>大宗材料
集中采购
供应部</td><td colspan="3">签字：</td></tr>
<tr><td>生产副总</td><td colspan="3">签字：</td></tr>
<tr><td>财务副总</td><td colspan="3">签字：</td></tr>
<tr><td>综合评定等级</td><td>一般</td><td>良好</td><td>差</td></tr>
</table>

1.9　材料管理部部门职责

材料管理部部门职责

1. 材料管理部部长向集团副总经理报告工作，负责材料管理部内部协调与管理，对材料管理部的各项活动负主要责任。

2. 材料管理部负责集团公司的材料管理工作，对基层单位和项目部的材料管理工作进行检查、监督、指导、服务。

3. 负责制定、修订本部门的管理办法、制度。

4. 负责集团公司的大宗材料集中采购供应工作，参与基层单位的材料招标工作。

5. 负责物资采购计划的监督、审查；负责物资采购、验证、储存、发放（包括劳动防护用品发放），标识和可追溯性的控制与检查、监督工作。

6. 负责收集、汇总各基层单位的材料报耗，负责监督、检查各基层单位的材料成本。

7. 负责物资供方（包括供方合同）的评价、确认和管理；审核并分季发布集团公司《优秀合格分供方名录》。

8. 参与材料人员的业务培训工作。

9. 负责识别并评价，控制本部门的环境因素、危险源。

10. 完成领导交办的其他任务。

1.10　材料科管理职责

材料科管理职责

1. 在公司/直属部门分管领导下及材料管理部门领导下，负责材料管理工作。

2. 负责制定、修订本单位的管理办法、制度。

3. 负责收集项目部的材料需用总计划，对项目部大宗材料采购计划进行审核、审批。

4. 负责本单位材料招投标工作；负责本单位材料的集中采购工作。

5. 负责组织本单位材料采购合同的评审（按规定报送需集团公司评审的合同）；汇总管理本单位的材料买卖合同；建立本单位的材料买卖合同台账和履约台账，随时关注合同履行情况。

6. 负责组织实施本单位分供方的调查、评价；选择各项目优秀合格分供方；建立本单位的合格分供方名录并上报集团材料管理部。

7. 负责收集当期物资信息价，市场价格，审查项目部的材料采购价格；参与工程投标中材料、设备的报价工作。

8. 执行集团公司的综合管理体系文件和管理办法，负责对项目部材料管理工作的监督、检查、服务、指导，包括材料的采购、验收、存储、发放、材料标识和可追溯性等工作。

9. 负责对项目部的各项账务、材料报耗、成本核算的检查、核对，负责汇总各项目部的材料报耗表、成本分析表,并按月上报材料管理部。

10. 负责本单位所属项目部主要材料、周转材料、小型机具的结算审核,调配工作。

11. 负责处理项目部废旧材料工作。

12. 完成领导交办的其他工作。

1.11 项目部材料主管岗位职责

项目部材料主管岗位职责

材料员应廉洁自律、秉公办事,认真执行有关法规,遵纪守法,努力钻研业务,及时准确、保质保量完成任务。具体岗位职责包括:

1. 在项目经理领导下,负责项目部材料管理工作。

2. 负责收集项目部材料需用总计划,分部分项材料计划,月计划,并按施工进度要求编制材料采购计划。材料需用总计划、大宗材料采购计划应上报。

3. 进行市场考察,掌握市场材料价格信息。负责授权范围内的材料招(询)标采购工作(包括劳保用品的采购)。

4. 负责项目部采购材料的分供方选择、调查、评价。建立项目部的合格供方名录并上报本单位材料科。

5. 负责项目部材料采购合同的管理工作,建立项目部合同台账和履约台账,随时关注合同的履约情况,及时反馈信息和处理意见。

6. 负责项目部材料验收、搬运、储存、标识、发放,参与管理材料的使用和节约。

7. 负责周转材料的管理工作,负责周转材料进场、按期结算、丢失赔偿、工完场清、及时归还等工作。

8. 负责项目部材料成本管理,建立材料消耗台账,搞好材料成本分析工作。

9. 负责每月对项目部供方的供货质量进行评价,每季度向材料管理部门反馈一次。

10. 完成领导交办的其他工作。

1.12 库管员岗位职责

库管员岗位职责

库管员应熟悉各种材料的型号、规格、特性、用途及各种材料保管存储方法,在材料主管的领导下,做好以下工作:

1. 根据施工总平面图的布置,规划材料存放场地,要求项目部全面建立各种库房。

2. 按照材料采购合同约定的要求,进行材料的进场验收。对材料品种、规格型号、数量、外观质量及技术资料进行验收,并负责对材料的标识。

3. 按照现场平面布置要求,做到合理存放材料,在方便施工、保证道路畅通、安全可靠的原则下,尽量减少材料二次搬运。

4. 按照各类材料的自然属性，依据材料保管技术要求和现场客观条件，采取各种有效措施进行维护、保养，保证各类材料不降低使用价值。

5. 负责材料的发放工作，负责劳动保护用品的登记、发放、回收工作，负责项目部可回收废弃物的回收、保管；易燃易爆、危险化学品的收、发、保管工作。

6. 建立材料明细账，材料暂估账，资金账，日进料流水账，周转材料进出场明细账，周转料结算台账等并进行账务处理。

7. 负责库存材料的盘点工作，随时掌握库存材料的数量情况，按要求上报库存材料盘点表。

8. 完成领导交办的其他工作。

第 2 篇　材料管理部分

第 1 章　材料管理工作流程

材料管理工作流程

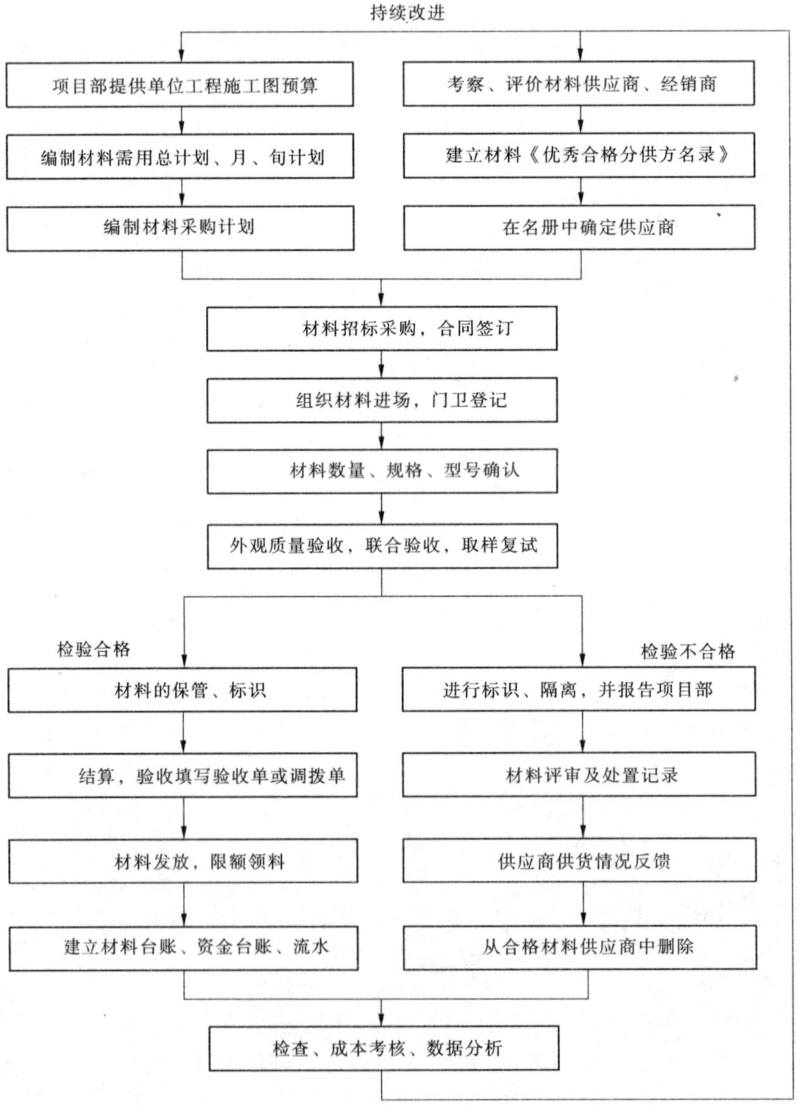

第2章　计划管理

2.1　计划管理

计划管理

1　材料总计划

1.1　项目开工前,项目经理应组织各专业工长,根据确定的施工方案和施工图纸编制整个工程的材料需用总计划(总计划可分正负零、主体封顶、装修三阶段编制,也可按分部分项工程编制)。

1.2　材料需用总计划经技术负责人和项目经理审核。

1.3　材料需用总计划报项目部材料组、基层单位材料科。

1.4　项目经理应组织项目部预算组和材料组进行材料需用总计划和清单材料量(投标预算材料含量)对比,发现问题找出原因,并提出应对措施。

1.5　材料需用计划单应附钢筋抽料单,模板龙骨计算书,砌块、饰面板砖的排版图;混凝土需用量计算书。

2　月材料需用计划

2.1　每月25日前项目部各专业工长,根据次月的施工进度计划,编写每月(旬、周)材料需用计划。

2.2　月(旬、周)材料需用计划需经项目生产经理审核、批准后有效。

2.3　月材料需用计划报项目部材料组、基层单位材料科。

3　材料采购计划

3.1　材料组接到需用的计划后,核对库存、计算经济采购批量,然后编制月(旬、周)材料采购计划。

3.2　月材料采购计划需经项目经理审核、批准。

3.3　集中采购的大宗材料由基层单位材料科统一编制月材料采购计划。

4　变更、零星、特殊及顾客提供材料的计划

4.1　临时变更、增加的材料原则上应按以上办法办理。但确因工地急需,可由专业工长提出申请,主管经理批准同意后即可进行采购。

4.2　一般材料和急用零星用料、设施材料、工具用具、劳保用品等,可根据需要及时

提出计划，由主管经理批准同意后即可进行采购。

4.3 特殊材料及需要出省采购的材料，项目部应提前45天将计划报基层单位材料科，经基层单位领导审核后作出采购处理意见。

4.4 顾客提供的主要材料，项目部材料员应按顾客要求的内容，每月按时将计划送达相关部门。同时要与顾客经常沟通，并做好记录。

5 材料计划表的编制要求

5.1 项目部要使用标准计划表。

5.2 计划表要求内容详细、完整，有名称、规格、质量要求、数量及进场（采购）时间。

5.3 字迹工整，编、审、批手续齐全。

2.2 材料计划管理程序

材料计划管理程序

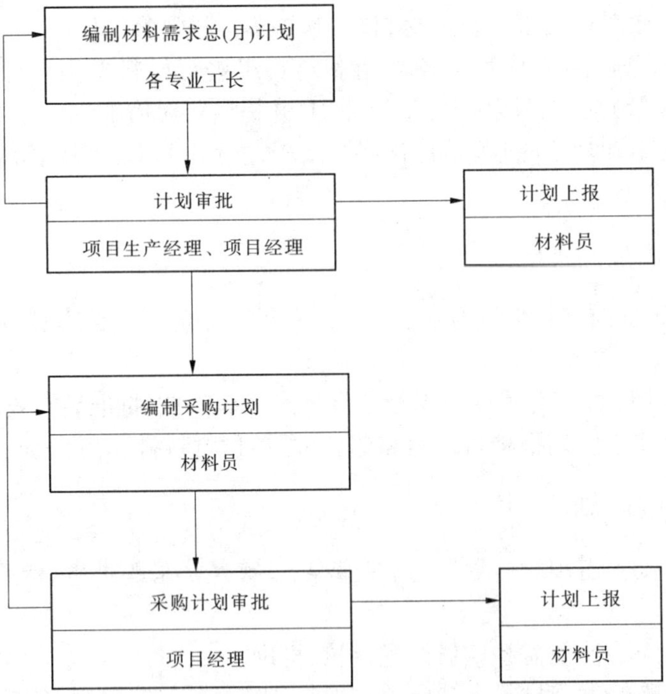

2.3　材料需用总计划表

材料需用总计划表

项目名称：　　　　　　　　　　　　　　　　　　　　　　　年　月　日

序号	物资名称	规格	单位	数量	质量要求	备注
1						
2						
3						
4						
5						
6						
7						
8						
9						
10						
11						
12						
13						
14						
15						
16						
17						
18						

编制人：　　　　　审核人：　　　　　主任工程师：　　　　　批准人：

2.4 材料采购计划表

材料采购计划表

单位： 年 月 日

物资名称	型号规格	单位	分批采购数量			采购质量要求	资金来源和大概需用金额

编制人： 审核人： 批准人：

2.5 材料月需用计划表

材料月需用计划表

申请单位： 年 月 日

物资名称	型号规格	单位	分批申请数量			质量要求	备 注

编制人： 审核人： 批准人：

第3章 合格供方的确定

3.1 合格供方的确定

合格供方的确定

根据项目的特点,需用材料数量、质量等要求,进行市场考察和供应商的选择,原则上直接考察材料的生产厂家或直销公司。同时根据绿色施工要求,尽量选用距离项目所在地500 km范围内的材料生产厂家。

1 供应商的寻找

1.1 网上查找方法,找到安全网站进行,进行在线交谈或电话咨询。

1.2 相关正版信息刊物价格栏和广告栏。

1.3 咨询法,向当地兄弟单位相关人员咨询,到相关协会咨询等方法。

1.4 直接到市场找寻。

2 供应商的考察

2.1 大宗材料的集中采购由基层单位的材料科组织进行供应商的考察,由材料科科长、质量员和生产及财务等相关人员参加,且不少于三人,对于新技术、新材料、新工艺的材料考察应邀请技术人员参加。

2.2 项目部材料主管组织的供应商考察应由材料主管、质量员、生产及财务等相关人员参加,原则上不少于三人。

2.3 应对供应商的资质文件、供货能力、供应业绩、供应材料的质量等方面进行全面考察。

2.3.1 资质文件的考察:审查供应商的营业执照、生产许可证、机构代码证、材料备案证、市场准入证、税务登记证、质量环境认证、检验报告、业绩表、检验资质证、法人证明资料、委托人、联系电话等资质文件,确保资料中信息的合法性、真实性、有效性。

2.3.2 供货质量的考察,包括查验材料采用的质量标准的准确性、合法性、先进性等;是否全面推行了质量管理体系等;查看实际的样品,考察工艺生产流程,考察材料使用的工程项目等。

2.3.3 供货能力的考察,包括考察生产规模、运输能力、年销售总量、供应业绩等能否满足我方需求。

2.3.4 价格考察,收集产品价格表,考察运输方式,各种方式装卸费用。

2.4 每种材料的供应商原则上考察不少于三家。

3 合格供应商的调查、评价、供方名录的建立及复评

3.1 考察结束后,由材料主管编制《供方调查报告》,并组织考察人员进行评价,填

写《供方评价表》,《供方评价表》交主管领导审核批准。

3.2　经评价、审批后的供方为合格供方。项目部、材料科分别建立《合格供方名录》,并将《合格供方名录》报主管领导审批。

3.3　基层单位材料科每季选择本单位优秀合格供方报集团公司材料管理部,材料管理部审核汇总后,每季度向全公司发布一次。

3.4　供料关系在一年以上的合格供方,应综合以往情况对其持续合格性进行复评(见《合格分供方复评表》)。经复评合格,继续使用,不合格时,将供方从合格供方名录上删除,并将该信息通知相关部门和人员。

3.2　供方调查报告

供方调查报告

推荐单位:陕建七建集团××公司材料科			报告人:李××		
调查报告编号	D—001		日期:2015.1.1		
供方名称	________			联系人	___
地　　址	________			电　话	___
营业执照	________	法人代表	___	传　真	___
是否推行过全面质量管理(TQM)?简要说明:					
检验和试验	一般情况下是否进行: 进料检验?否 工序检验?否 成品检验?是				
供应产品所采用的技术标准、规范或主要工艺特点: 符合GB/T 5117—1995.E4303标准					
是否推行GB/T 19001—2000、GB/T 24001—2004、GB/T 28001—2001或其他标准并说明: 供方提供资料执行哪个标准就推行哪个标准					
主要供应业绩(产品、数量、工程): 1. 体育场　2. 电信生产楼　3. 实验办公楼等					
调查结论: 该店所供金桥牌ϕ3.2电焊条,质量好,符合GB/T 5117—1995.E4303标准,价格合理 调查小组长:李××　日期:2015.1.1					

3.3 供方评价表

供方评价表

<table>
<tr><td colspan="2">供方评价表编号:P001</td><td>日期:2015.1.1</td></tr>
<tr><td colspan="3">填表部门/人员:陕建七建集团××项目部　　李××</td></tr>
<tr><td>供方名称</td><td colspan="2">西安市长乐五交化</td></tr>
<tr><td>地　址</td><td colspan="2">西安市自强东路18号</td></tr>
<tr><td>供应范围</td><td colspan="2">五金交电、电焊条</td></tr>
<tr><td rowspan="3">评定依据</td><td colspan="2">调查报告</td></tr>
<tr><td>编　号</td><td>D001</td></tr>
<tr><td>日　期</td><td>2015.1.1</td></tr>
<tr><td>供应能力评价</td><td colspan="2">该店所供金桥φ3.2电焊条符合标准,该店经营规模大,供应能力可满足要求
材料部门负责人:李××　日期:2015.1.1</td></tr>
<tr><td>质保能力评价</td><td colspan="2">符合GB/T 5117—1995.E4303标准,满足本工程需要
质量部门负责人:张××　日期:2015.1.1</td></tr>
<tr><td>采购要求评价</td><td colspan="2">符合要求
生产部门负责人:王××　日期:2015.1.2</td></tr>
<tr><td>审批意见</td><td colspan="2">同意使用
主管领导:赵××　日期:2015.1.5</td></tr>
</table>

3.4　合格分供方复评表

合格分供方复评表

供方名称			
供方级别	一般关系　　多次使用　　长期使用		
上次评价时间		本次评价时间	
供应情况评价： 该公司规模大，资金充足。所供××材料质量可满足本工程需要。 材料部门负责人：王××　日期：2015 年 1 月 10 日			
质保评价意见： 经使用，该产品质量稳定，符合要求。 质量部门负责人：李××　日期：2015 年 1 月 10 日			
审批意见： 同意使用。 主管领导：张××　日期：2015 年 1 月 10 日			

3.5 合格供方名录

合格供方名录

版号		编制人		审批人		使用范围			
序号	供方名称		地址	供应范围	评价表序号	评价日期	复评日期	备注	联系电话
1									
2									
3									
4									
5									
6									
7									
8									
9									
10									
11									
12									
13									
14									
15									
16									
17									
18									
19									
20									
21									
22									
23									

第 4 章　采购管理

4.1　采购管理

采购管理

材料的采购应本着公正、公平、公开，质量第一、物美价廉的原则。

1　材料采购方式

1.1　集中采购材料（涉及钢材、木竹材、商混凝土等）金额较大（大于 100 万元）的大宗材料，必须采用招投标采购的方式。

1.2　对于批量较小，价值在 10 万～100 万元范围内的材料，基层单位材料科和项目部材料招投标小组，可决定采用招（议）标采购的方式。

1.3　对于零星材料或批量小、价值较低的材料可采用询价采购方式。

2　招投标采购

2.1　基层单位应成立本单位材料招投标小组，本单位主管材料领导为组长，材料、生产、技术、质量、财务、工会或职工代表等职能科室的负责人参加。人数应不少于五人。

2.2　项目部应成立材料招投标小组，项目经理为组长，材料主管、生产、技术、质量等人员参加，最低不能少于三人。

2.3　选择参加招投标的供应商，应信誉好，有经济实力，供货能力强，且不少于三家。

2.4　编制招标邀请书，招标邀请书应明确材料的数量、质量要求，付款方式、供货时间要求、提交投标文件时间、履约（投标）保证金数量等内容。

2.5　向选定的供应商发出招投标邀请书，时间一般在三天之内。

2.6　在招投标邀请书规定的时间（一般定为招标邀请书发出后 7 天）内开标，并进行招投标程序，确定中标单位。采购金额较大（大于 100 万元）的大宗材料由公司材料管理部派员参加。

2.7　招标会议结束后，招标小组组织评标，参加人员在评标意见书上签署意见。

2.8　发放中标通知书，中标单位在领取中标通知书时，应缴纳一定的履约保证金，待签订了合同，开始供货后无息返还。

2.9　合同签订：供方在收到中标通知书后，应在约定的时间与招投标单位签订合同，否则以违约处理，招投标方有权在履约保证金中扣除造成的一切经济损失。

2. 10　招标采购流程图：

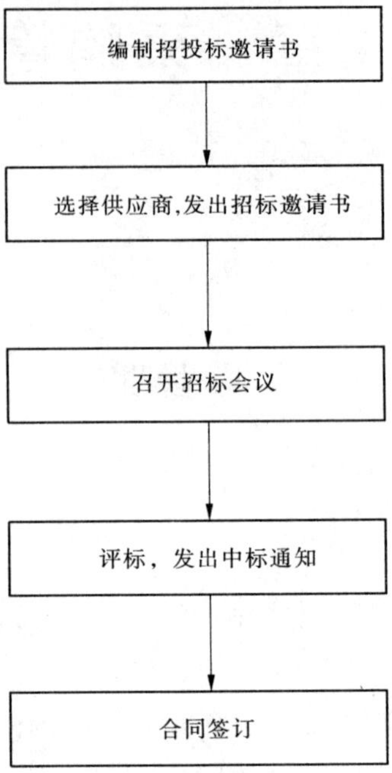

材料招投标采购，一次不成，可反复进行，直到选出合格的供方。招标过程应有详细的记录并保留相关文件。

3　议标采购

3. 1　在集团公司合格供方范围内选择供方（新的供方应按供方的评价程序进行）；选择的供方不少于三家。

3. 2　按约定时间要求选定的供方报价、提供样品等。

3. 3　分别和供方洽谈，参加人员为招投标小组成员，不少于三人。洽谈结束后参加人员在洽谈记录上签字。

3. 4　议标材料均应编制价格对比表。

3. 5　合同签订。

4　询价采购

4. 1　询价采购由项目材料主管实施。

4. 2　询价采购应编制市场价格对比表，应有供应单位、联系方式、联系人、报价等内容。

4. 3　除零星材料采购外，一般用于工程实体的材料都应与供方签订买卖合同。

4.2　材料采购工作流程图

材料采购工作流程图

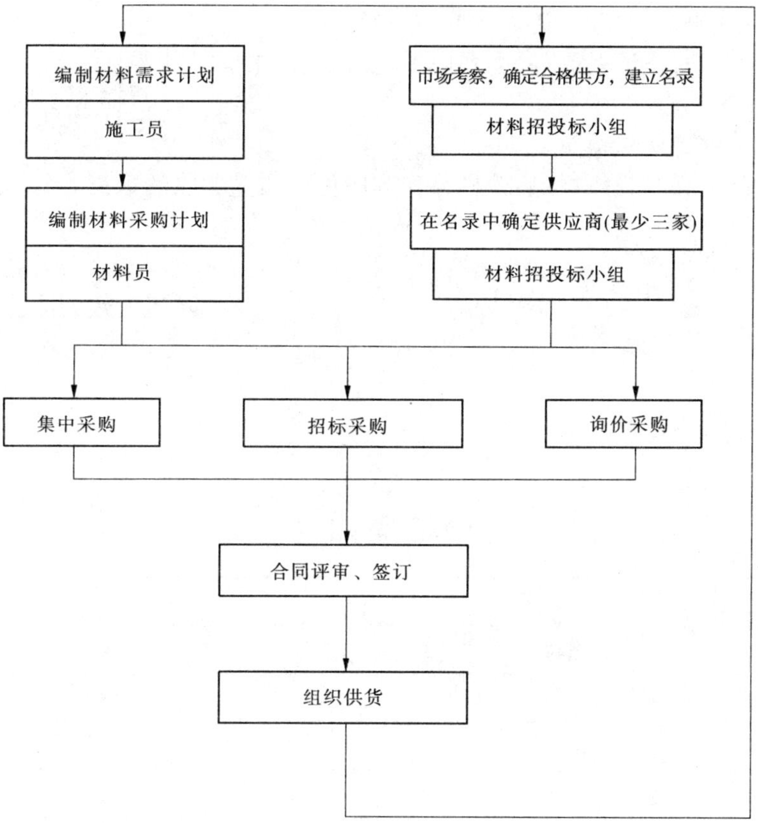

4.3　招投标邀请书

招投标邀请书

为规范本公司(项目部)的材料采购工作,保证原材料的质量,降低采购成本,现决定对本公司(项目部)所需的 ××× 材料进行招标采购,兹邀请证照齐全、产品质量可靠、资信及服务良好的供应商参与投标。

一、单位概况(工程概况)

二、招标材料的名称、规格、型号、采用的标准代号、品牌、数量、质量要求、质保期限、供货地点、供货时间要求、售后服务内容、企业的资质要求等,并列清单说明。

三、材料的报价要求，应说明报价内含不含运输费用、税费、装卸费等内容，提供报价单及报价说明书。

四、付款方式：明确招标方的付款方式。

五、投标截止时间和开标时间：应明确到×年×月×日×点。

六、投标文件要求：

1. 必要的资质文件，复印件即可（比如商品混凝土应有营业执照、资质证书、实验室资质、组织机构代码证、税务登记证、供应业绩等）。

2. 委托代理人身份证复印件，联系电话，委托代理书。

3. 报价书（单）。

4. 招投标文件应密封盖章。

七、样品提供：必需提供样品，该样品作为中标后质量验收的依据。

八、招标单位联系人：　　　　　　　　电话：

陕建七建集团（项目部）

年　月　日

4.4　中标通知书

中标通知书

<table>
<tr><td colspan="2">中标单位全称</td><td></td></tr>
<tr><td rowspan="4">中标内容</td><td>材料设备名称</td><td></td></tr>
<tr><td>技术规格型号</td><td></td></tr>
<tr><td>中标价格</td><td></td></tr>
<tr><td>付款方式</td><td></td></tr>
<tr><td rowspan="3">履约保证金</td><td>金额（元）</td><td></td></tr>
<tr><td>支付方式</td><td></td></tr>
<tr><td>支付日期</td><td></td></tr>
<tr><td>合同签订日期</td><td colspan="2"></td></tr>
<tr><td>其他要求</td><td colspan="2"></td></tr>
<tr><td>招标单位</td><td colspan="2"></td></tr>
<tr><td>主管领导</td><td colspan="2"></td></tr>
<tr><td>发放日期</td><td colspan="2"></td></tr>
</table>

4.5　评标意见书

评标意见书

招标单位		招标内容	
项目名称		项目地址	
中标单位		中标总价	
项目部材料： 年　月　日			
项目经理： 年　月　日			
公司经营： 年　月　日			
公司生产： 年　月　日			
公司材料： 年　月　日			
监督单位： 年　月　日			
公司主管领导： 年　月　日			

4.6　项目部材料招标小组成立的文件

项目部材料招标小组成立的文件

材料科： 　　我项目部材料招标小组已成立。 　　组长： 　　成员： 项目部（盖章）： 年　月　日

4.7　基层单位材料招标小组成立的文件

基层单位材料招标小组成立的文件

各项目部、各职能科室： 　　我公司（直属项目部）材料招标小组已成立。 　　组长： 　　成员： 公司（直属部）盖章： 年　月　日

4.8　材料市场价格比对表(一)

材料市场价格比对表(一)

项目名称：　　　　　　　　　　　　年　月　日

序号	材料名称	规格型号	单位	数量	预算价	市场价格(元)					
						供应商一		供应商二		供应商三	
						单价	合价	单价	合价	单价	合价
1											
2											
3											
4											
5											
6											
7											
8											
9											
10											
盈余率(%)											
联系人											
联系方式											

审核人：　　　　　　　　制表人：

4.9 材料市场价格比对表(二)

材料市场价格比对表(二)

项目名称： 年 月 日

序号	材料名称	规格型号	单位	数量	预算价	预算合价	市场价格(元)					
							供应商一		供应商二		供应商三	
							单价	合价	单价	合价	单价	合价
1												
2												
3												
4												
5												
6												
7												
8												
合计												
降低额												
盈余率(%)												
联系人												
联系方式												

审核人： 制表人：

4.10　洽商记录

洽商记录

<table>
<tr><td>工程名称</td><td></td><td>洽商时间</td><td></td></tr>
<tr><td>洽商主题</td><td colspan="3"></td></tr>
<tr><td>洽商地址</td><td></td><td>主持人</td><td></td></tr>
<tr><td colspan="4">内容：</td></tr>
<tr><td colspan="4">洽商结果：</td></tr>
<tr><td>参加人员
签名</td><td colspan="3"></td></tr>
</table>

第5章　合同管理

5.1　合同管理

合同管理

1　合同签订

1.1　除零星采购的材料，原则上所有采购材料都应签订材料买卖合同。

1.2　材料买卖合同按集团公司材料管理部下发的合同样本签订。

1.3　签订的买卖合同按规定程序进行评审，卖方的签字人是经卖方合法授权的委托代理人，买方的签字人是集团公司授权法人委托人。

1.4　经过评审的合同双方才可签字盖章。

2　合同评审

2.1　需报集团公司评审的合同按规定流程执行。

2.2　其他合同由材料科科长组织本单位质量、技术、财务、生产等职能部门负责人评审；也可按基层合同评审流程执行，评审人根据自己的业务要求，签署具体的评审意见（材料合同评审表见附件）。

2.3　各基层单位应通过办公自动化系统建立本单位的合同评审流程。

3　合同管理

3.1　所有经签字盖章的材料买卖合同原件一份由基层单位合同管理部门或财务科保存，一份由材料科保存；项目部材料主管应保存本项目合同的复印件。

3.2　材料科应建立本单位的买卖、租赁合同台账，随时关注合同履约情况，并建立合同履约台账。

3.3　项目部材料主管负责建立本项目部买卖、租赁合同台账，随时关注合同履约情况，并建立合同履约台账。

3.4　合同履行中如有变更，必须进行合同再评审，严禁任何人私自修改合同和签订合同补充协议。

5.2　陕建七建集团合同登记台账

陕建七建集团合同登记台账

项目名称：

编号	合同名称	对方名称	合同标的额及内容	签订起止日期	合同签章全称	评审情况	主控部门

登记人：

5.3　合同履行台账

合同履行台账

项目名称：

编 号	合同名称	履行情况

登记人：

5.4　材料合同评审单

材料合同评审单

主控部门：材料管理部

<table>
<tr><td>填写日期</td><td colspan="2"></td><td>表单编号</td><td></td></tr>
<tr><td>申 请 人</td><td colspan="2"></td><td>所属部门</td><td></td></tr>
<tr><td>合同名称</td><td colspan="4"></td></tr>
<tr><td>合同金额</td><td colspan="2">小写：¥</td><td>大写</td><td>元整</td></tr>
<tr><td>合同说明</td><td colspan="4"></td></tr>
<tr><td rowspan="2">合同方</td><td>需方</td><td colspan="3"></td></tr>
<tr><td>供方</td><td colspan="3"></td></tr>
<tr><td>基层单位领导</td><td colspan="4">姓名：
日期：</td></tr>
<tr><td>材料管理部</td><td colspan="4">姓名：
日期：</td></tr>
<tr><td>法律事务部</td><td colspan="4">姓名：
日期：</td></tr>
<tr><td>副总经理</td><td colspan="4">姓名：
日期：</td></tr>
</table>

5.5　钢材买卖合同

钢材买卖合同

合同编号：

卖方：

买方：陕西建工第七建设集团有限公司

签订地点：　　　　　　　　　　　　　　　签订时间：　年　月　日

根据《中华人民共和国合同法》和有关规定，本着平等公平的原则，为明确买卖双方的权利、义务，经双方协商一致，签订如下协议。

一、产品名称、商标、型号、厂家、数量、金额。

产品名称	牌号商标	型号规格	生产厂家	计量单位	计划用量	合同单价（元）	总金额（元）	备注
合计人民币金额（大写）：								（以实际验收数量为准结算）

二、质量要求技术标准、卖方对质量负责的条件（要求注明产品标准代号）：卖方所供钢材必须符合 GB 1499.1—2008，GB 1499.2—2007 标准，及 GB 50666—2011 标准中第 5.2.2 条款要求。卖方所提供的钢材，必须全部保证质量，钢材质量均有可追溯性。

三、交（提）货地点、方式：卖方运送至买方施工现场的指定地点（必须明确项目具体名称地点）。

四、供货时间及周期：（必须明确）。

五、运输方式及到达站港和费用负担：装车及运费每吨　　元，由　　支付（运费及装卸车费由卖方或买方承担直接明确约定）。

六、随机备品、配件工具数量及供应方法：

七、验收标准、方法及提出异议的期限：现场进行钢材的长度，直径，管材壁厚，外观、数量验收，钢材材质单及质量证明文件随货提供；送到工地的钢材买方应在十五日内按第二款钢材验收标准复试。如卖方所供钢材经现场验收和复试有质量问题，卖方无条件退换，并承担全部费用。

八、结算方式及期限：（1）

(2) 不计复利。

九、如需提供担保,另立合同担保书,作为合同附件。

十、知识产权:卖方必须保证向买方出售的产品不得侵犯任何人的专利权或商标权;若卖方提供的产品构成侵权,专利权人或商标权人向买方主张侵权赔偿的,由卖方承担全部赔偿责任,并且卖方还应承担由此给买方造成的施工现场窝工、停工、名誉等经济损失和法律责任。

十一、安全责任和环境:卖方应遵守施工现场的安全生产管理和环保要求,接受买方的监督检查。因卖方原因导致安全事故或环境污染的,由卖方负责,并承担所造成的一切经济损失。

十二、违约责任:卖方未按买方要求的时间保质保量供货到约定的工地,影响买方生产的,应承担由此造成买方的一切损失;买方未按约定时间支付货款的,按《合同法》规定承担法律责任。

十三、解决合同纠纷的方式:协商解决,协商不成可向买方所在地人民法院提起诉讼。

十四、其他约定事项:(1)卖方必须提供当期合格税务发票,否则买方有权拒绝付款。(2)材质书与货同行,加盖卖方公章,并填写相关内容,一式五份。(3)本合同一式四份,买卖双方各执两份。(4)卖方遵守买方项目部对运输车辆的要求。(5)货供完款付清,本合同自行终止。

卖方(盖章):	买方(盖章):
代理人:	代理人:
地址:	地址:
邮政编码:	邮政编码:
电话号码:	电话号码:
传真号码:	传真号码:
E-mail:	E-mail:
开户银行:	开户银行:
账号:	账号:
法人代表人:	法人代表人:

5.6 商品混凝土买卖合同

商品混凝土买卖合同

合同编号:

买方(甲方):陕西建工第七建设集团有限公司

卖方(乙方):

为规范商品混凝土供需行为,保护双方的合法权益,明确双方责任,满足安全生产及环境保护的要求,依据《中华人民共和国合同法》,甲乙双方在自愿、平等、公平、诚信的基础上，签订本合同。

供方的资质：

营业执照编号	资质证书号码	税务登记证
发证机关	资质专业及等级	有效期

一、工程概况

1. 工程名称：

2. 建筑面积：

3. 工程结构：

4. 商品混凝土量：约____________

5. 工程地点：

二、技术质量标准及要求

1. 乙方应严格执行《预拌混凝土》(GB/T 14092—2003)标准。

2. 用料要求：乙方所供混凝土拌和材料，水泥执行 GB 175—2007 标准，砂子、石子执行 JGJ 52—2006 标准，外加剂执行 GB 8076—2008 标准，粉煤灰执行 GB 1596—2005 标准；混凝土用水执行 JGJ 63—2006 标准。

3. 配合比要求：乙方所供混凝土执行《普通混凝土配合比设计规程》(JGJ 55—2000)。

4. 强度要求：甲、乙双方应严格按照 GB/T 14092—2003 及 GB 50204—2002、GB/T 50107—2010 有关规定制作混凝土试件，且现场试件的制作过程应有乙方人员到场，应采用标准养护方案和统计方法，对混凝土强度进行评定，对搅拌批量不大的混凝土，按非统计方法评定混凝土强度时应有书面通知到乙方。

5. 坍落度要求：商品混凝土送达现场，如有坍落度不符合要求，现场应予退货，乙方承担所造成的一切损失。

6. 入模时间、养护要求：甲方应合理安排施工，保证每车混凝土到达施工现场后入模时间符合 GB 50666 中 8.3.4 条规定。甲方按标准养护方案对已浇筑的混凝土养护。如因甲方原因造成混凝土入模时间不当，养护时间不当，造成混凝土质量事故及工期滞后，由甲方负责。

7. 已浇筑的混凝土在龄期内发现表面存在质量问题，或龄期后存在强度问题，经有关部门鉴定确认混凝土存在质量问题，如属于乙方原因，其造成的各项损失及延误的工期均由乙方承担，其费用在工程结算中予以扣除，不足部分仍由乙方另行承担。

8. 应遵守国家和设计部门的相关技术规范要求，运输过程中不得自行添加水、外加剂等材料，由此出现的质量问题由乙方负责。

9. 混凝土质量验收按《混凝土结构工程施工质量验收规范》(GB 50204—2011)执行。

10. 针对混凝土道路工程，图纸中有约定的按约定执行；如果未约定，按《城镇道路工程与质量验收规范》(CJJ 1—2008)执行。

三、环境标准及要求

1. 乙方所供混凝土外加剂氨的释放限量执行 GB 18588—2001 标准要求。

2. 乙方所供混凝土放射性核素限量应符合 GB 6566—2010 标准要求。

3. 混凝土运输车辆进出场，按甲方要求清洗料斗、车轮及项目部对运输车辆的要求。

四、等级及单价

<table>
<tr><th>强度等级</th><th>用量
（m^3）</th><th>结算单价
（元/m^3）</th><th>备注</th></tr>
<tr><td>C15</td><td></td><td></td><td rowspan="8">1. 使用水泥____（厂家）
2. 砂子________（产地）
3. 元石/砂石____（产地）
4. 泵送费
5. 冬季施工费
6. 细石混凝土
7. 轻集料混凝土</td></tr>
<tr><td>C20</td><td></td><td></td></tr>
<tr><td>C25</td><td></td><td></td></tr>
<tr><td>C30</td><td></td><td></td></tr>
<tr><td>C35</td><td></td><td></td></tr>
<tr><td>C40</td><td></td><td></td></tr>
<tr><td>C40P6</td><td></td><td></td></tr>
<tr><td>C45</td><td></td><td></td></tr>
</table>

说明：

1. 以上单价为泵送价，如自卸，下调 15 元/m^3（参考价）

2. 如需细石混凝土，加收 10 元/m^3（参考价）

3. 抗渗剂 P6 加 10 元/m^3，P8 加 15 元/m^3（参考价）

4. 冬季防冻剂另加 10 元/m^3（参考价）

5. 微膨胀混凝土加 18 元/m^3（参考价）

6. 砂泵按同标号混凝土单价结算

7. 以上单价为含税价（含民扰费、扰民费）

五、价款结算及支付

1. 结算办法

（1）甲乙双方约定，依据《预拌混凝土》（GB/T 14902—2003）的规定，根据施工图和设计变更图示尺寸为计算商混凝土量的依据，不扣除混凝土构件中钢筋所占的体积，亦不计损耗。按合同约定的单价和设计图纸设计的混凝土构件尺寸计算的数量为准，办理价款结算。

（2）图纸以外的部分，按小票实际量结算，甲方不定期抽查送货方量，并以抽查的最小方量作为结算依据，结算所有小票方量。

2. 结算时间及付款比例

（1）自商混凝土开始供应起，每月 20 ~ 25 日为供需双方商混凝土结算期。

（2）每月结算完后，于次月 25 日前，依据当月结算量，按__比例付款给乙方。

（3）双方应于单体工程实际封顶后__天内办理完技术资料交接手续以及图纸结算部

分混凝土工程的正式结算手续，提供本工程所需的技术竣工验收资料，结算手续完成之日起__月内需方将剩余混凝土款全部无息支付给供方。

(4)本合同签订的工程因非乙方原因中途停工，导致甲方停止使用乙方的混凝土时，甲方应自停工之日起三个月内付清已结价款。

(5)乙方给甲方充分的货款准备时间，因资金问题一个月内不能停止供货。

3. 乙方必须提供本公司合格的正式税务发票，按月送达甲方，否则甲方有权拒绝付款，由此造成的一切损失由乙方自行承担。

六、安全责任条款

1. 甲方对乙方进场人员进行混凝土运输和泵送过程中的安全技术交底和安全监督检查。对乙方违反安全生产标准和规章制度的行为进行纠正，必要时进行经济处罚。

2. 甲方应保证现场场地平整、坚实、畅通，有足够的调车场地及安全作业环境，并应安排专人负责调度指挥，保证乙方车辆及人员进出现场的安全。

3. 乙方应遵守施工现场的安全生产管理制度，服从甲方的安全生产管理，接受甲方的安全监督检查。因乙方原因导致安全事故的，由乙方承担责任，对甲方造成的一切损失，乙方全部承担。

七、双方责任和义务

1. 甲方责任和义务

(1)应指定专人提前24小时以书面传真或者其他有效方式向乙方提供所需混凝土的标号、数量及工程浇筑部位、混凝土浇筑方式，并对技术质量要求进行交底，以保证乙方有足够的供货时间。

(2)应负责办理施工现场乙方作业车辆的占道手续及相关费用，并负责3 m以外的泵送管道铺设。

(3)应负责提供现场作业用水及照明。

(4)应指派专人负责乙方提供的泵送管道及相应的配件，并及时清洗、妥善保管，如有丢失和损坏，参考市场价格按价赔偿(泵送管道及配件本身有质量问题，不予赔偿)。

(5)应指定专人负责对运送到施工现场的混凝土发货单载明的内容进行验收签字。(此单不作为双方结算依据，双方结算执行本合同五、1条款)

(6)应遵守国家和设计部门的相关技术规范要求，不得自行添加水、外加剂等材料，由此出现的质量问题由甲方负责。

(7)确因甲方原因付款滞后，造成工期延误，由甲方自行负责。

2. 乙方责任和义务

(1)供货前应到施工现场实地勘察并进行技术交底。

(2)应提前将能满足施工需要的泵送管道及相应配件送达甲方施工现场，并负责3 m以内的泵送管道铺设工作，施工完毕及时收回。

(3)车辆及人员进入现场后，必须服从甲方负责人员的统一调度指挥，积极配合甲方，提供优质服务。

(4)应接受甲方对混凝土所用原材料的监督,必须提供所有原材料的相关技术资料。应严格按照甲方提供的混凝土浇筑计划,保质、保量、及时地供应混凝土。若乙方未能按计划供应混凝土时,应承担由此给甲方造成的损失。

(5)接到甲方就混凝土数量及质量提出的书面异议后,应按本合同第二条解决。

(6)浇筑混凝土前后,应按要求向甲方提供与混凝土相关的技术质量资料,一式四份。

(7)对于连续浇筑的混凝土,应保证供料的连续性,断料超过1小时,乙方要承担相应的罚款和各项误工费,承担所浇筑混凝土产生的质量事故责任并赔偿经济损失。

(8)乙方向甲方免费提供混凝土修补用同一品牌水泥和粉煤灰,并送到施工现场。

3. 双方的共同责任

(1)如遇原材料价格大幅涨跌,双方可协商重新确定混凝土单价。价格包死的除外。

(2)如遇不可抗力原因停工,双方各自承担责任。

(3)作业现场由于混凝土运输搅拌、泵送及浇筑等原因引起的扰民或民扰问题,由甲乙双方共同解决。

八、其他条款

1. 本合同发生的争议,双方应协商解决,协商解决不成的,就按照下列第(1)种方式解决。

(1)向甲方住所所在地人民法院提起诉讼。

(2)向____仲裁委员会申请仲裁。

2. 本合同未尽事宜,经双方协商一致可另行补充约定。补充约定均为合同组成部分,与本合同具有同等法律效力。

3. 本合同自双方签字盖章之日起生效,在双方结算最后一笔货款后即自行终止。本合同一式六份,甲方五份,乙方一份,具有同等法律效力。

卖方(盖章):	买方(盖章):
法人代表人:	法人代表人:
代理人:	代理人:
地址:	地址:
邮政编码:	邮政编码:
电话号码:	电话号码:
传真号码:	传真号码:
E-mail:	E-mail:
开户银行:	开户银行:
账号:	账号:

5.7　木竹材买卖合同

木竹材买卖合同

合同编号：

卖方：

买方：陕西建工第七建设集团有限公司

签订地点：　　　　　　　　　　　　　　　　签订时间：　年　月　日

根据《中华人民共和国合同法》和有关规定，本着平等公平的原则，为明确买卖双方的权利、义务，经双方协商一致，签订如下协议。

一、产品名称、商标、型号、厂家、数量、金额。

产品名称	牌号商标	型号规格	生产厂家	计量单位	计划用量	合同单价（元）	总金额（元）	备注
合计人民币金额（大写）：							（以实际验收数量为准结算）	

二、质量要求技术标准、卖方对质量负责的条件（要求注明产品标准代号）：卖方所供方木不能有腐朽、开裂，尺寸不能小于　　　　　　。方木符合GB/T 144—2003标准要求；镜面多层板的质量技术应符合GB/T 17656—2008标准要求，卖方所供方木、镜面板均按买方要求尺寸，不允许有正负误差。

三、交（提）货地点、方式：卖方运送至买方施工现场指定地点（必须明确项目具体名称地点）。

四、供货时间及周期：（必须明确）。

五、运输方式及到达站港和费用负担：运输及装车费用均由卖方负担，　方负责卸车费用。运输过程中的一切事件和费用均由卖方承担，与买方无关。

六、随机备品、配件工具数量及供应方法：无。

七、验收标准、方法及提出异议的期限：按第二款验收标准验收。卖方货到现场由买方组织人员进行验收，如果尺寸和内在质量达不到要求，卖方自行退场，费用自理。镜面板周转使用不能少于　次，否则根据实际周转次数按比例扣减单价。买方提出质量异议的期限为整个工程主体工期内。

八、结算方式及期限：

(1)

(2)

九、如需提供担保，另立合同担保书，作为合同附件。

十、知识产权：卖方必须保证向买方出售的产品不得侵犯任何人的专利权或商标权；若卖方提供的产品构成侵权，专利权人或商标权人向买方主张侵权赔偿的，由卖方承担全部赔偿责任，并且卖方还应承担由此给买方造成的施工现场窝工、停工、名誉等经济损失和法律责任。

十一、安全和环境责任：卖方应遵守施工现场的安全生产管理和环保要求，接受买方的监督检查。因卖方原因导致安全事故或环境污染的，由卖方负责，并承担一切经济损失。

十二、违约责任：卖方未按买方要求的时间保质保量地供货到约定的工地，影响买方生产的，应承担由此造成买方的一切损失；买方未按约定时间支付货款的，按《合同法》规定承担法律责任。

十三、解决合同纠纷的方式：协商解决，协商不成，可向买方住所地人民法院提起诉讼。

十四、其他约定事项：(1)卖方必须提供当期合格税务发票，否则买方有权拒绝付款。(2)本合同单价一次性包死，风险买卖双方各自承担。(3)本合同一式四份，买卖双方各执两份。(4)卖方遵守买方项目部对运输车辆的要求。(5)货供完款付清，本合同自行终止。

卖方(盖章)：	买方(盖章)：
法人代表人：	法人代表人：
代理人：	代理人：
地址：	地址：
邮政编码：	邮政编码：
电话号码：	电话号码：
传真号码：	传真号码：
E - mail：	E - mail：
开户银行：	开户银行：
账号：	账号：

5.8　水泥买卖合同

水泥买卖合同

合同编号：

卖方：

买方：陕西建工第七建设集团有限公司

签订地点：　　　　　　　　　　　　　　　　签订时间：　年　月　日

根据《中华人民共和国合同法》和有关规定，本着平等公平的原则，为明确甲、乙双方的权利、义务，经双方协商一致，签订如下协议。

一、产品名称、商标、型号、厂家、数量、金额。

产品名称	牌号商标	型号规格	生产厂家	计量单位	计划用量	合同单价（元）	总金额（元）	备注
水泥								
合计人民币金额（大写）：								（以实际验收数量为准结算）

二、质量要求技术标准、买卖方对质量负责的条件（要求注明产品标准代号）：卖方所供通用硅酸盐水泥必须符合 GB 175—2007 标准。

三、交（提）货地点、方式：水泥运送至施工现场指定位置交货并码放整齐。买方办理现场收料手续。

四、供货时间及周期：（必需明确）

五、运输方式及到达站港和费用负担：运费及卸车费用均已包含在以上的约定单价内，均由卖方承担。运输过程中所发生的一切费用由卖方承担。

六、随机备品、配件工具数量及供应方法：包装物卖方不回收。

七、验收标准、方法及提出异议的期限：现场进行数量、出厂日期等验收。散装水泥过大磅；袋装水泥过小磅（以过磅的 10 袋平均值为依据计算总吨位）。产品质量必须符合合同第二款标准规定，买方按此标准复试。卖方对产品质量负全部责任，并承担因水泥质量问题造成的买方一切损失。买方提出异议期限为货到工地后至买方复试完毕，拿到复试报告之日内，以同编号水泥封存样本为依据，一旦发现所供水泥有贴牌现象的，由卖方承担所有经济损失。

八、结算方式及期限：

(1)

(2)

九、如需提供担保，另立合同担保书，作为合同附件。

十、知识产权：卖方必须保证向买方出售的产品不得侵犯任何人的专利权或商标权；若卖方提供的产品构成侵权，专利权人或商标权人向买方主张侵权赔偿的，由卖方承担全部赔偿责任，并且卖方还应承担由此给买方造成的施工现场窝工、停工、名誉等经济损失和法律责任。

十一、安全责任和环境：卖方应遵守施工现场的安全生产管理和环保要求，接受买方的监督检查。因卖方原因导致安全事故或环境污染的，由卖方负责，并承担所造成的一切经济损失。

十二、违约责任：卖方未按买方要求的时间保质保量地供货到约定的工地，影响买方生产的，应承担由此造成买方的一切损失；买方未按约定时间支付货款的，按《合同法》规定承担法律责任。

十三、解决合同纠纷的方式：协商解决，协商不成，可向买方所在地人民法院提起诉讼。

十四、其他约定事项：(1)卖方必须提供当期合格税务发票，否则买方有权拒绝付款。(2)卖方应按买方要求提供水泥的 3 天及 28 天强度报告、合格证和建材备案证明随货同行。(3)本合同一式四份，买卖双方各执两份。(4)卖方遵守买方项目部对运输车辆的要求。

卖方(盖章)：	买方(盖章)：
法人代表人：	法人代表人：
代理人：	代理人：
地址：	地址：
邮政编码：	邮政编码：
电话号码：	电话号码：
传真号码：	传真号码：
E－mail：	E－mail：
开户银行：	开户银行：
账号：	账号：

5.9　砂石买卖合同

砂石买卖合同

合同编号：

卖方：

买方：陕西建工第七建设集团有限公司

签订地点：　　　　　　签订时间：　年　月　日

根据《中华人民共和国合同法》和有关规定，本着平等公平的原则，为明确买卖双方的权利、义务，经双方协商一致，签订如下协议。

一、产品名称、商标、型号、厂家、数量、金额。

产品名称	型号规格	生产厂家	计量单位	计划用量	合同单价（元）	总金额（元）	备注
合计人民币金额（大写）：						（最终以实际验收数量结算）	

二、质量要求技术标准、买卖方对质量负责的条件和期限（要求注明产品标准代号）：质量必须符合 JGJ 52—2006 标准要求；砂石含泥量、粒径必须（以实验室检测为依据）符合现场检验要求。

三、交（提）货地点、方式：卖方送货至施工现场指定地点卸货，必须堆放整齐。（必须明确项目具体名称、地点）

四、供货时间及周期：（必须明确）

五、运输方式及到达站港和费用负担：装、卸车及运输过程中发生的一切责任和费用由卖方承担。

六、随机备品、配件工具数量及供应方法：无

七、验收标准、方法及提出异议的期限：按第二款验收标准验收。卖方货到现场由买方组织人员进行验收。数量按单车验收方量，以抽检单车最少量为结算依据；砂石含泥量、粒径不符合要求，卖方无条件退场，费用自理。买方提出质量异议的期限为七天。

八、结算方式及期限：

(1)

(2)

九、如需提供担保，另立合同担保书，作为合同附件。

十、知识产权：卖方必须保证向买方出售的产品不得侵犯任何人的专利权或商标权；若卖方提供的产品构成侵权，专利权人或商标权人向买方主张侵权赔偿的，由卖方承担全部赔偿责任，并且卖方还应承担由此给买方造成的施工现场窝工、停工、名誉等经济损失和法律责任。

十一、安全责任和环境：卖方应遵守施工现场的安全生产管理和环保要求，接受买方的监督检查。因卖方原因导致安全事故或环境污染的，由卖方负责，并承担一切经济损失。

十二、违约责任：卖方未按买方要求的时间保质保量地供货到约定的工地，影响买方生产的，应承担由此造成买方的一切损失；买方未按约定时间支付货款的，按《合同法》规定承担法律责任。

十三、解决合同纠纷的方式：协商解决，协商不成可向买方住所地人民法院提起诉讼。

十四、其他约定事项：(1)卖方必须提供当期合格税务发票，否则买方有权拒绝付款。(2)本合同单价一次性包死，风险买卖双方各自承担。(3)卖方提供《建材备案证明》。(4)本合同一式四份，买卖双方各执两份。(5)卖方遵守买方项目部对运输车辆的要求。(6)货供完款付清，本合同自行终止。

卖方(盖章)：	买方(盖章)：
法人代表人：	法人代表人：
代理人：	代理人：
地址：	地址：
邮政编码：	邮政编码：
电话号码：	电话号码：
E－mail：	E－mail：
开户银行：	开户银行：
账号：	账号：

5.10 砌块买卖合同

砌块买卖合同

合同编号：

卖方：

买方：陕西建工第七建设集团有限公司

签订地点：　　　　签订时间：　年　月　日

根据《中华人民共和国合同法》和有关规定，本着平等公平的原则，为明确买、卖双方的权利、义务，经双方协商一致，签订如下协议。

一、产品名称、商标、型号、厂家、数量、金额。

产品名称	牌号商标	型号规格	生产厂家	计量单位	计划用量	合同单价（元）	总金额（元）	备注
合计人民币金额（大写）：								（以实际验收数量为准结算）

二、质量要求技术标准、卖方对质量负责的条件（要求注明产品标准代号）：混凝土轻集料空心砌块质量符合 GB/T 15229—2011 标准要求；烧结普通砖符合 GB 5101—2003 标准要求；烧结多孔砖符合 GB 13544—2011 标准要求；烧结空心砖符合 GB 13545—2003 标准要求；混凝土普通砖和装饰砖符合 NY/T 671—2003 标准要求；蒸压加气混凝土砌块符合 GB 11968—2006 标准要求；混凝土实心砖符合 GB/T 21144—2007 标准要求；普通混凝土小型空心砌块符合 GB 8239—1997 标准要求；核素限量符合 GB 6566—2001 标准要求。

三、交（提）货地点、方式：由卖方运至施工现场指定地点并堆放整齐。（必须明确项目具体名称、地点）

四、供货时间及周期：（必须明确）

五、运输方式及到达站港和费用负担：运输及装、卸车费用均由卖方负担，运输过程中的一切事故和费用均由卖方承担，与买方无关。

六、随机备品、配件工具数量及供应方法：无

七、验收标准、方法及提出异议的期限：货到现场进行外观尺寸验收，材料的外观尺寸验收不合格的，龄期达不到强度要求的，卖方自行退场，费用自理。需复试按第二条质量标准执行；材料经复试不合格的，卖方及时包换、包退，并承担由此造成的买方一切损失。

八、结算方式及期限：

（1）

（2）

九、如需提供担保，另立合同担保书，作为合同附件。

十、知识产权：卖方必须保证向买方出售的产品不得侵犯任何人的专利权或商标权；若卖方提供的产品构成侵权，专利权人或商标权人向买方主张侵权赔偿的，由卖方承担全部赔偿责任，并且卖方还应承担由此给买方造成的施工现场窝工、停工、名誉等经济损失和法律责任。

十一、安全责任和环境：卖方应遵守施工现场的安全生产管理和环保要求，接受买方的监督检查。因卖方原因导致安全事故或环境污染的，由卖方负责，并承担所造成的一切

经济损失。

十二、违约责任：卖方未按买方要求的时间保质保量地供货到约定的工地，影响买方生产的，应承担由此造成买方的一切损失；买方未按约定时间支付货款的，按《合同法》规定承担法律责任。

十三、解决合同纠纷的方式：协商解决，协商不成可向买方住所地人民法院提起诉讼。

十四、其他约定事项：(1)卖方必须提供当期合格税务发票，否则买方有权拒绝付款。(2)本合同单价一次性包死，风险买卖双方各自承担。(3)卖方提供产品合格证及《建材备案证明》一式四份。(4)本合同一式四份，买卖双方各执两份。(5)卖方应遵守买方项目部对运输车辆的要求。(6)货供完款付清，本合同自行终止。

卖方（盖章）：	买方（盖章）：
法人代表人：	法人代表人：
代理人：	代理人：
地址：	地址：
邮政编码：	邮政编码：
电话号码：	电话号码：
传真号码：	传真号码：
E－mail：	E－mail：
开户银行：	开户银行：
账号：	账号：

5.11　外加剂买卖合同

外加剂买卖合同

合同编号：

卖方：

买方：陕西建工第七建设集团有限公司

签订地点：　　　　签订时间：　年　月　日

根据《中华人民共和国合同法》和有关规定，本着平等公平的原则，为明确买卖双方的权利、义务，经双方协商一致，签订如下协议。

一、产品名称、商标、型号、厂家、数量、金额。

产品名称	牌号商标	型号规格	生产厂家	计量单位	计划用量	合同单价（元）	总金额（元）	备注
合计人民币金额(大写)：								（以实际验收数量为准结算）

二、质量要求技术标准、买卖对质量负责的条件和期限(要求注明产品标准代号)：卖方所供混凝土外加剂符合　　　　标准，泵送剂符合　　　　　　标准中的规范要求，在本合同执行过程中卖方对产品质量负全责。

三、交(提)货地点、方式：卖方负责运输到买方的施工现场指定地点卸车并堆码整齐。(必须明确项目具体名称、地点)

四、供货时间及周期：(必须明确)

五、运输方式及到达站港和费用负担：运输及装卸车费用均已包含于以上的约定单价内，均由卖方承担，运输过程发生的一切事件与买方无关。

六、随机备品、配件工具数量及供应方法：袋装产品包装物不回收。

七、验收标准、方法及提出异议的期限：按第二款验收标准验收。卖方所供产品经复试不合格的，卖方无条件退货，费用自理，并赔偿由此给买方造成的一切损失。买方提出质量异议的期限为复试结果出具后七天。

八、结算方式及期限：

(1)

(2)

九、如需提供担保，另立合同担保书，作为合同附件。

十、知识产权：卖方必须保证向买方出售的产品不得侵犯任何人的专利权或商标权；若卖方提供的产品构成侵权，专利权人或商标权人向买方主张侵权赔偿的，由卖方承担全部赔偿责任，并且卖方还应承担由此给买方造成的施工现场窝工、停工、名誉等经济损失和法律责任。

十一、安全和环境责任：卖方应遵守施工现场的安全生产管理和环保要求，接受买方的监督检查。因卖方原因导致安全事故或环境污染的，由卖方负责，并承担一切经济损失。

十二、违约责任：卖方未按买方要求的时间保质保量地供货到约定的工地，影响买方生产的，应承担由此造成买方的一切损失；买方未按约定时间支付货款的，按《合同法》规定承担法律责任。

十三、解决合同纠纷的方式：协商解决，协商不成，可向买方住所地人民法院提起诉讼。

十四、其他约定事项：(1)卖方必须提供当期合格税务发票，否则买方有权拒绝付款。(2)本合同单价一次性包死，风险买卖双方各自承担。(3)卖方提供产品合格证及质量证明文件《建材备案证明》一式四份。(4)本合同一式四份，买卖双方各执两份。(5)卖方遵守买方项目部对运输车辆的要求。(6)货供完款付清，本合同自行终止。

卖方(盖章)：
法人代表人：
代理人：
地址：
邮政编码：
电话号码：
传真号码：
E－mail：
开户银行：
账号：

买方(盖章)
法人代表人：
代理人：
地址：
邮政编码：
电话号码：
传真号码：
E－mail：
开户银行：
账号：

5.12　买卖合同

买卖合同

合同编号：

卖方：
买方：陕西建工第七建设集团有限公司
签订地点：　　　　签订时间：　年　月　日

根据《中华人民共和国合同法》和有关规定，本着平等公平的原则，为明确买、卖双方的权利、义务，经双方协商一致，签订如下协议。

一、产品名称、商标、型号、厂家、数量、金额。

产品名称	牌号商标	型号规格	生产厂家	计量单位	计划用量	合同单价(元)	总金额(元)	备注
合计人民币金额(大写)：						(以实际验收数量为准结算)		

二、质量要求技术标准、卖方对质量负责的条件(要求注明产品标准代号):产品执行国家标准　　　　　　　　　　　　;卖方对存在质量问题的产品实行包换、包退。材料如出现质量问题卖方应承担由此造成的一切损失。卖方对产品质量的质保期限为两年。

三、交(提)货地点、方式:卖方运送至买方施工现场的指定地点并按要求堆放整齐。(必须明确项目具体名称、地点)

四、供货时间及周期:(必须明确)

五、运输方式及到达站港和费用负担:运输及装卸车费用均由卖方负担,运输过程中的一切事件和费用均由卖方负担,与买方无关。

六、随机备品、配件工具数量及供应方法:

七、验收标准、方法及提出异议的期限:按第二款规定验收标准验收。货到现场进行外观验收;材料的外观验收不合格的,当场退货。需复试的材料按第二条质量标准执行;材料经复试不合格的,卖方包换、包退,并承担由此造成的买方一切损失。买方提出质量异议的期限为　　天。

八、结算方式及期限:

(1)

(2)

九、如需提供担保,另立合同担保书,作为合同附件。

十、知识产权:卖方必须保证向买方出售的产品不得侵犯任何人的专利权或商标权;若卖方提供的产品构成侵权,专利权人或商标权人向买方主张侵权赔偿的,由卖方承担全部赔偿责任,并且卖方还应承担由此给买方造成的施工现场窝工、停工、名誉等经济损失和法律责任。

十一、安全和环境责任:卖方应遵守施工现场的安全生产管理和环保要求,接受买方的监督检查。因卖方原因导致安全事故或环境污染的,由卖方负责,并承担一切经济损失。

十二、违约责任:卖方未按买方要求的时间保质保量地供货到约定的工地,影响买方生产的,应承担由此造成买方的一切损失;买方未按约定时间支付货款的,按《合同法》规定承担法律责任。

十三、解决合同纠纷的方式:协商解决,协商不成,可向买方住所地人民法院提起诉讼。

十四、其他约定事项:(1)卖方必须提供当期合格税务发票,否则买方有权拒绝付款。(2)本合同单价一次性包死,风险买卖双方各自承担。(3)材质书,质量证明文件随货同行,加盖卖方公章,一式四份。(4)本合同一式四份,买卖双方各执两份。(5)卖方应遵守买方项目部对运输车辆的要求。(6)由于图纸有未尽事宜及工程变更,所引起的剩余材料在不影响再次销售的情况下,卖方负责退货。(7)货供完款付清,质保期满,本合同自行终止。

卖方(盖章):	买方(盖章):
法人代表人:	法人代表人:
代理人:	代理人:
地址:	地址:
邮政编码:	邮政编码:
电话号码:	电话号码:
传真号码:	传真号码:
E - mail:	E - mail:
开户银行:	开户银行:
账号:	账号:

第6章　现场材料管理

6.1　现场材料管理

现场材料管理

1　材料进场验收

1.1　验收准备

1.1.1　库管员接到材料进场通知后检查现场施工道路有无障碍,是否平整通畅,车辆转弯掉头是否方便,还应适当考虑回车道,以保证材料能顺利进场。

1.1.2　按照施工组织设计的场地平面布置图的要求,选择好堆料场地,要求平整,没有积水,完善支垫硬化场地。

1.1.3　对进入仓库的材料,应按照"轻物上架,重物近门取用方便"的原则,准备好库位;防潮、防霉材料要事先铺好垫板。易燃易爆材料一定要准备好危险品库房及防护用品的配置。

1.1.4　夜间进料要准备好照明设备,在道路两侧及堆料场地都要有足够的亮度,确保安全装卸材料。

1.1.5　准备好装卸设备、计量设备及遮盖材料设备等。

1.1.6　联系好卸货人员。大宗材料吊卸,应通知安全员及相关人员进行现场监护。

1.2　验收流程

1.2.1　材料主管或材料科长通知库管员收货,库管员做好收料准备。

1.2.2　大宗材料进场,应先在门卫处登记,并填写施工现场收料登记表。

1.2.3　库管员进行资料文件、品牌、规格、型号、数量、外观质量验收。大宗材料数量验收应坚持两人以上现场收料。

1.2.4　库管员通知质量员及相关工长、技术负责人等进行进场材料质量验收,需三方联合验收的提前24小时通知建设方和监理,必要时通知设计院相关人员参与验收。木竹材需木工工长参加验收,周转材料需专职安全员参加验收。

1.2.5　验收合格的材料卸货、入库,库管员负责填写物资到货记录,三方联合验收填写联合验收记录。

1.2.6　实验员对验收合格的材料(需复试的材料待复试合格后)填写检验、验证结果通知单。

1.2.7　对验收合格入库产品进行标识,需复试产品标识待检。

1.2.8　验收流程图如下：

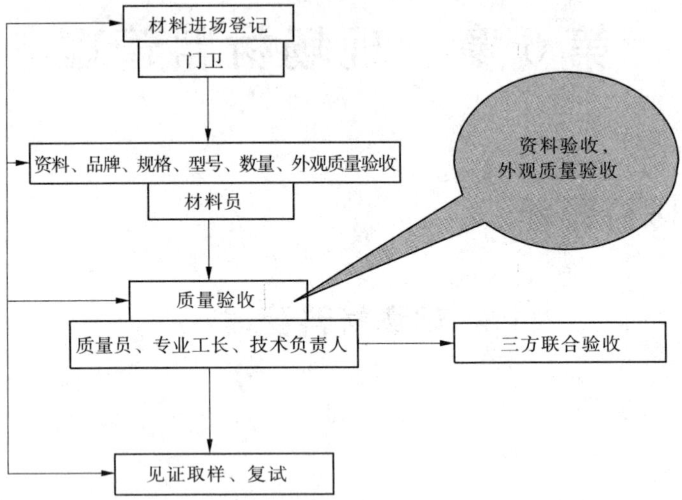

1.3　常用材料的验收方法（见第三部分）

1.4　劳保用品的验收（见管理办法）

1.5　低值易耗品的验收

1.5.1　低值易耗材料进场应严格进行数量、规格、型号、品种、质量验收。

1.5.2　低值易耗品的计量单位应该是国家法定计量单位，应按公斤、米、只等计量单位，严禁以箱、包、桶、捆、把、卷等单位验收，记账。

2　材料的保管

2.1　材料保管的一般要求

2.1.1　项目部材料组应按现场平面布置图要求，合理堆放材料，全面建立库房，基本的库房设置应该有低值易耗库、水泥库、易燃易爆库、周转材料库、小型机具库等。

2.1.2　材料存放、保管的基本要求是安全、防火、防盗、防潮、防变质、防损坏、整齐有序一头齐。

2.1.3　现场材料、库房材料应做到账、物、卡（标识）三相符，坚持日清月结、盘点。库管员对现场材料库存数做到心中有数，做到库存材料无积压、闲置。

2.2　现场材料存放的安全要求

2.2.1　基坑边堆放材料应经过荷载验算，一般距离基坑不应小于 2 m；一般料具的堆放高度不应大于 2 m；钢模板堆放高度不应大于 1.5 m。

2.2.2　木材、板材堆垛面积不大于 300 m^2，锯末堆垛面积不大于 200 m^2；垛与垛之间留 4 m 的消防通道；易燃、可燃材料应尽量远离在建工程和生活办公区；并配备足够数量的灭火器材。

2.2.3　仓库应建在下风方向;仓库内使用60 W以下的照明灯具;严禁使用碘钨灯、电炉;配备灭火器材;存储易燃、易爆物品的仓库,应设有醒目的“禁止烟火”的标志,严禁入库人员携带火柴、打火机入库。

2.2.4　在建工程内禁止氧气、乙炔瓶的存放,氧气、乙炔瓶的存放距离不小于4 m;氧气、乙炔瓶严禁在太阳下暴晒。

2.2.5　不得在外电架空线路的正下方,安全网下,配电箱、开关箱周围、消防用的太平桶,黄沙池周围、施工电梯周围5 m范围内堆放材料杂物。

2.2.6　大模板对立放稳,堆放区域应封闭、隔挡,禁止人员随便出入。

2.2.7　充分利用监控设备,监控覆盖范围在大门、围墙、材料堆放区域,不留死角。

2.3　常用材料的保存方法

见本手册第三部分。

2.4　有毒品的保管(见管理办法)

2.5　易燃易爆危险品的保管(见管理办法)

3　材料的发放

3.1　材料的发放应该严格按限额领料单发料,严禁以领代耗。

3.2　库管员发料填写领料单,领料人签字后发料,严禁先发料后办手续。

3.3　材料的发放实行先进先出、推陈储新的原则。

3.4　紧急放行

3.4.1　因生产急用,来不及检验或试验时,应根据材料的性质及过程特点,严格控制放行范围,钢筋、商品混凝土、水泥、焊条等材料不可紧急放行。

3.4.2　紧急放行应由主任工程师审批,库管员做好标识和记录。

3.4.3　任何紧急放行的材料,在紧急放行的同时要通知质量部门进行检验或试验。

4　废料处理

4.1　基层单位应成立废旧物品处理小组。废旧物品处理小组可由基层单位材料科人员、财务科人员、项目部人员、工会组成。

4.2　废料处理应由废旧物品处理小组处理。

4.3　处理的废料收入应上缴财务,冲减项目成本。

6.2 限额领料流程

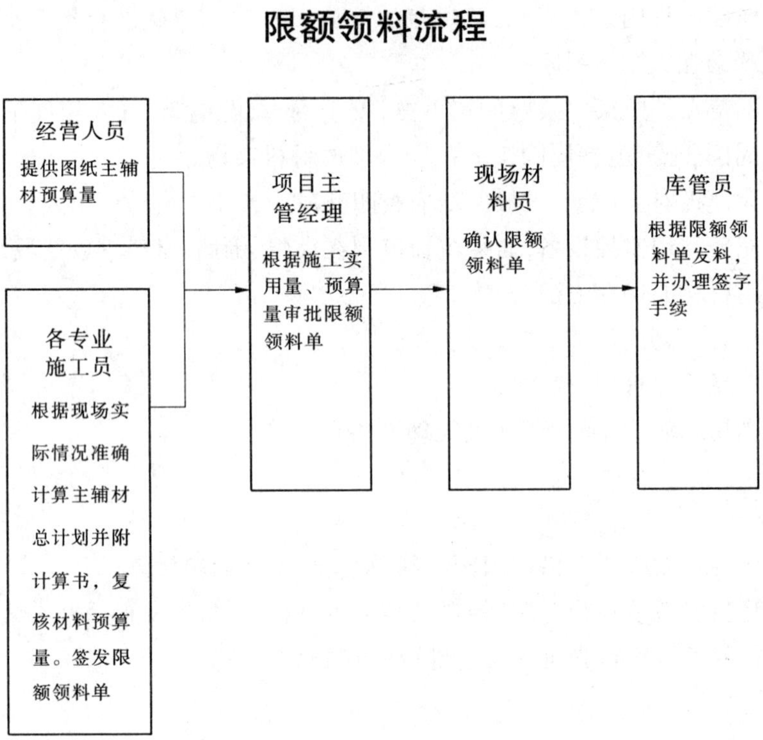
限额领料流程
经营人员
提供图纸主辅材预算量
各专业施工员
根据现场实际情况准确计算主辅材总计划并附计算书，复核材料预算量。签发限额领料单
项目主管经理
根据施工实用量、预算量审批限额领料单
现场材料员
确认限额领料单
库管员
根据限额领料单发料，并办理签字手续

6.3　限额领料单

限额领料单

劳务公司：　　　　　　作业班组：

施工日期：　　年　月　日至　月　日

单位工程名称	分部分项工程名称	清单工程量（单位：　）	实际工程量（单位：　）

序号	材料编码	材料名称	规格	单位	清单数量	实际用量	发料数量				消耗合计	结算	
							第一次	第二次	第三次	第四次		节约	超耗

实际用料量	超耗追供审批意见	验收工程量调整原因	节约超耗原因分析	签发人	
	签名： 月　日			审核人	
				领料人	
				发料人	
				上级审核人	

签发日期：　年　月　日　　　　结算日期：　年　月　日

6.4 材料到货记录

材料到货记录

工程名称		本单编号	
材料名称		合同编号	
供应单位		送货单位	
产品记录			
生产厂名		出厂日期	
型号规格		出厂合格证书	
存放地点		数 量	
包装标识		送货时间	

库管员：　　　　日期：

6.5　检验/验证结果通知单(钢材)

检验/验证结果通知单(钢材)

编号：

工程名称					
物资名称	规格	数量(t)	牌号	合格证编号	炉批号
生产厂家					
供应单位					
进货日期					
存放地点					
检验项目					
检验/验证意见					

负责人：　　检验/验证人：　　日期：

6.6 检验/验证结果通知单

检验/验证结果通知单

编号：

工程名称					
物资名称	规格	单位	数量	材质单号	备注
生产厂家					
供应单位					
进货日期					
存放地点					
检验项目					
检验/验证意见					

负责人： 检验/验证人： 日期：

6.7　劳保用品验收记录

劳保用品验收记录

劳保名称	型号	验收内容	验收结果	验收人	备注

制表人：

6.8　劳保用品发放使用记录

劳保用品发放使用记录

劳保名称	型号	领用时间	有效期限	领用人	归还日期	备注

制表人：

6.9 易燃、易爆、有毒物品入库登记表

易燃、易爆、有毒物品入库登记表

工程名称						
序号	名称	类别	数量	保管地点	保管人	入库时间

6.10 易燃、易爆、有毒物品发放登记表

易燃、易爆、有毒物品发放登记表

工程名称							
序号	物品名称	数量	单位	领用人	用途	回收时间	回收数量

6.11　关于成立废旧材料处理小组的文件

关于成立废旧材料处理小组的文件

略

第7章 周转材料管理

7.1 周转材料管理

周转材料管理

1. 各专业工长应严格按施工方案计算出周转材料需用量，编制周转材料需用计划（见附表），严禁无计划供料。

2. 项目部应选择信誉好、有合法资质、供货能力强的租赁公司。

3. 周转材料的租赁必须签订租赁合同。

4. 周转材料进场验收应由材料员和安全员、技术负责人共同参与，并留有验收记录。

5. 项目部和劳务分包队伍应签订材料管理协议。严格领用手续，收料及归还时一定要有双方认可的签字手续（见周转材料领用单）。

6. 周转材料按现场平面布置图的要求，合理整齐码放，周转材料配件应入库存放。

7. 项目部应建立周转材料进出场明细账、周转材料结算台账。每月与租赁公司进行结算，对账。租赁材料退场一个月内，必须结清全部租赁费。租赁材料跨年度使用时，应在当年结清本年度的租赁费用，否则不予结算。

8. 结算后出租方提供合格发票，否则项目部不得付款。出租方若提供假发票，将承担一切后果。

9. 周转材料管理人员应分阶段（基础、主体、装修）对周转材料的闲置量进行统计，做到心中有数，严禁周转材料的积压（周转材料闲置量统计见附表）。

10. 项目部材料人员有权按管理协议对周转材料的使用实施监督管理，周转材料的使用应做到工完场清，不使用的周转材料及时入库，上架。

11. 周转材料归还时严格按合同约定检尺归还。

12. 周转材料归还时，项目经理另指定专人和材料人员共同还料，未经项目经理容许的任何人的私自还料，造成的损失由归还人负责。

7.2　陕建七建集团周转材料领(借)用单

陕建七建集团周转材料领(借)用单

项目名称：　　　　分包单位名称：　　　　年　月　日

材料名称	规格	单位	数量	备注	
焊接钢管	48 × X m	根			
承插式钢管	48 × X m	根			
碗扣式钢管	48 × X m	根			
扣件	十字	个			
	对接	个			
	旋转	个			

领料人：　　　　发料人：　　　　制单人：

7.3 施工现场材料管理协议

施工现场材料管理协议

项目部(以下简称甲方):

劳务作业队(以下简称乙方):

根据《中华人民共和国合同法》、《中华人民共和国建筑法》、集团公司《材料管理办法》及其他有关法律、法规的规定,遵循平等、自愿、公平和诚实信用原则,经双方协商一致,签订本协议,双方共同遵照执行。

第一条 劳务资质情况

1.1 营业执照:

发证机关:

住　　所:

法定代表人姓名:

1.2 资质证书编号:

资质专业及等级:

发证机关:

1.3 安全生产许可证编号:

复审时间及有效期:

发证机关:

第二条 责任范围

乙方所承担工程项目施工中甲方供应的所有材料使用和管理。

第三条 责任期

自乙方进场之日起,到材料领用、归还、结算完止。

第四条 施工现场材料一般包括:钢材、水泥、商混凝土、地材、砌体材料、辅材、钢管、扣件、方木、钢木竹架板、钢木竹模板、卡具等。甲乙双方约定的周转材料损耗率为:

钢材1%、商混凝土0.3%、钢管0.5%、扣件0.5%、方木2%、钢架板1%、木架板1%、竹架板1%、钢模板0.5%、木模板1.5%、竹模板1.5%、卡具2%等。

第五条 双方义务

5.1 材料进场后,由甲方材料员、库管员及乙方领料员同时进行验收,清点数量,并按要求码放到指定地点,清点无异议,确认后及时办理领用手续。

5.2 施工现场标准层的方木及模板按部位向上翻转,原则上不允许增补,确因拆装过程中小部分损坏及材料质量问题,需经甲方主管领导批准同意后,方可重新配模。若乙方人员随意裁锯和改变几何尺寸的,大材小用和长料短锯的,随意配料的,任何一条将对浪费部分的材料进行原价2倍的赔偿。

5.3 施工现场支模用方木和模板未经过甲方主管领导批准同意,不得随意锯割,严禁大料小用,长料短用现象。

5.4　甲方对于施工现场新进的脚手板材料，乙方按要求进行扎头，没有经过捆绑的脚手板不得使用。

第六条　甲方的权利和义务

6.1　甲方根据合同约定，对甲方供应范围内的材料，依据采购合同和材料计划单，对现场所需的材料进行采购。

6.2　甲方材料库内材料的发放，必须实行限额领料。

6.3　甲方有责任对乙方现场使用材料进行监督管理，若发现有钢管、扣件未清理回收，按原价的3倍对乙方予以罚款。

6.4　甲方对于乙方不合理使用造成材料的浪费，如：不按专业工长下发的材料排版图，钢筋下料单，钢管、扣件打入混凝土中或丢失及私自截断钢管等现象。一经甲方发现，按材料原价的3倍对乙方予以罚款处理。有合适尺寸方木不利用，锯长方木者，有符合截面积的小片竹胶板不利用，截整张竹胶板者，钢模板任意开孔、打眼、剪裁者，均给予乙方按原材料价值的2倍进行罚款。

6.5　甲方有权要求乙方按现场平面布置图所指定的位置堆放材料。若发现乙方不按要求堆放，每次罚款5 000元。

第七条　乙方的权利和义务

7.1　乙方要积极配合甲方，对进场的材料（钢管、扣件、方木、架板、模板等周转料）进行共同验收。

7.2　乙方安排专人持甲方各专业工长的限额领料单，到甲方指定的位置领取材料，甲方只对乙方指定的专人领取材料，乙方其他人员一概不予领用，超额部分由乙方全额承担所有费用。

7.3　乙方负责领用材料的正确使用和保管，避免材料浪费，提高材料利用率，工完场清。

7.4　乙方根据施工方案和配板详图的要求进行组配模板，组配好的模板按要求码放，防止变形，并有防雨淋防水泡措施。

7.5　乙方必须按施工现场平面布置图所指定位置堆放材料。各种材料堆放必须达到省级文明工地的标准。

7.6　乙方对钢管按长短分类堆放，扣件按十字、对接、旋转三种分类堆放（扣件最好设专用的库房）；竹胶板按大小分类堆放，并及时清理表面混凝土及元钉等，木龙骨按长短分类堆放。

7.7　乙方必须配合甲方做好周转材料的归还工作，结算后差额部分，由乙方及时办理赔偿手续，否则，甲方有权在结算劳务费中直接扣除。

第八条　其他

本管理条款作为劳务分包合同附加条款的补充，具有同等法律效力，随劳务合同同时生效，项目部分管负责人监督落实，通过监督罚款得不到落实的，项目部对相关施工队勒令停工整顿，由此给项目造成的损失，由相关施工队负责。罚款从当月工程支付款中扣除。

乙方采购用于工程实体的材料应经甲方质量员等进行质量验收方可使用，乙方进入施工现场的材料、工具的保管、使用应服从甲方的管理。

甲方(公章):
法定代表人:
委托代理人:
年 月 日

乙方(公章):
法定代表人:
委托代理人:
年 月 日

7.4 周转材料闲置量统计表

周转材料闲置量统计表

项目名称: 年 月 日

材料名称	规格	型号	单位	进场数量	库存数量 (未用到工程数量)	备注

制表人:

说明:本表分基础、主体、装修三阶段编报。

7.5　周转材料需用计划表

周转材料需用计划表

项目名称：　　　　　　　　　　　　　　　　　　　　　　　　年　月　日

序号	物资名称	规格	单位	数量	质量要求	进场时间	备注
1							
2							
3							
4							
5							
6							
7							
8							
9							
10							
11							
12							
13							
14							
15							

编制人：　　　　　　　　　　审核人：　　　　　　　　　　批准人：

7.6 周转材料验收记录表

周转材料验收记录表

项目名称： 年 月 日

物资名称	型号	单位	数量	验收内容	验收结果	验收人、时间

制表人：

7.7 周转材料费用登记台账

周转材料费用登记台账

年 月 日

租赁单位	租赁费用（元）												合计
	1月	2月	3月	4月	5月	6月	7月	8月	9月	10月	11月	12月	
累计													

记录人：

7.8　钢化材料租赁合同

钢化材料租赁合同

出租方(甲方):

承租方(乙方):

根据《中华人民共和国合同法》和有关规定,本着平等互利的原则,为明确甲、乙双方的权利、义务,经双方协商达成一致,签订如下租赁合同。

第一条　租赁手续及使用相关约定

1. 乙方须持有具备法人资格的单位介绍信,经办人身份证,单位授权委托书及乙方需用租赁物计划单,甲方才能受理并发生租赁关系。

2. 工程名称:

工程地点:

3. 租赁期限:具体以租赁时间为准

第二条　租赁单价

钢管	m/天	元	扣件	套/天	元
山型卡	个/天	元	角模	m/天	元
固定角模	m/天	元	圈梁卡具	套/天	元
架板	块/天	元	丝杠	套/天	元

第三条　租赁物交付以乙方盖章书面委托代理人签字的提货单中列举类型、规格、数量为准。

第四条　租赁物验收、退还方式及运费承担

1. 进场时:甲方承担装车费用,卸车由乙方负担(或另行约定)。

2. 退场时,乙方承担装车费及工地至甲方租赁站的运输费用(或另行约定),甲方承担卸车费用,若甲方要求运至指定地点时,另外增加费用由甲方负担,如果需在退料时转租其他单位的应由甲方出面,本工地只对甲方发生业务。

第五条　结算方式及付款期限

1. 应按实际租赁的日历天数:扣除秋、夏两忙　　天,春节　　天,共计停置　　天租赁费结算。

2. 乙方每月 25 日为结算日,甲方结算完,交乙方核对签字盖章确认后,甲方应当及时提供合格的税务发票交乙方主管人员到财务部门挂账,乙方根据财务挂账、工程进度,按比例付甲方租赁费用。如甲方不能及时提供合格税务发票,乙方有权拒付租赁费。

3. 甲、乙双方约定:租赁费结算单必须经过甲乙双方主营业务部门盖公章后,方可作为乙方支付甲方租赁费用的依据,若出现甲方单位内个人签字的结算单,乙方有权拒付租金,由此造成的损失甲方自负。

第六条　租赁物损坏、丢失、保养有关约定

1. 租赁物使用完毕后，乙方应及时清理干净。修复损坏部分，费用由乙方自行承担。

2. 如出现租赁物的丢失，乙方按市场价赔偿。退还时，乙方负责配齐扣件螺丝，若缺丝按市场价计费，不再有其他费用，扣件有损坏的，按1.5个扣件折合1个完好扣件处理（或另行约定）。

第七条　争议解决方式

如本合同在履行过程中发生争议，双方应协商解决；如难以达成一致，可向宝鸡市渭滨区人民法院提起诉讼。

第八条　知识产权

卖方必须保证向买方出售的产品不得侵犯任何人的专利权或商标权；若卖方提供的产品构成侵权，专利权人或商标权人向买方主张侵权赔偿的，由卖方承担全部赔偿责任，并且卖方还应承担由此给买方造成的施工现场窝工、停工、名誉等经济损失和法律责任。

第九条　其他

1. 本合同一式四份，甲方、乙方各持两份，自甲乙双方签字盖章后生效，租费付清，租赁物还清及其他一切手续结清后，自行失效。

2. 在验收完扣件，最初使用过程中发现的直观难以辨识的滑丝现象应由出租方派人来修理，确实滑丝无法修复的，由出租方配新丝。

3. 出租方提供的新扣件、钢管等应出具出厂合格证。

第十条　本合同未尽事宜双方可另行协商解决。

第十一条　补充条款

退场时，乙方应及时向甲方明确退料时间，若甲方延误退料时间，从乙方书面通知之日起停计租赁费用。

甲方（盖章）：	乙方（盖章）：
法人代表人：	法人代表人：
代理人：	代理人：
地址：	地址：
邮政编码：	邮政编码：
电话号码：	电话号码：
传真号码：	传真号码：
E－mail：	E－mail：
开户银行：	开户银行：
账号：	账号：

7.9　全钢大模板租赁合同

全钢大模板租赁合同

承租方(以下简称甲方):陕西建工第七建设集团有限公司

出租方(以下简称乙方):

根据《中华人民共和国合同法》等有关法律规定,甲乙双方在平等自愿的基础上,经协商一致,签订本合同。

第一条　租赁物

1. 为完成建筑工程主体结构施工任务,甲方同意租用乙方的拼装式全钢大模板系列产品(以下简称"租赁物")。

2. 租赁物使用的工程项目:

3. 地点:

4. 租赁物名称、规格、数量、单价、金额、起租期限等信息详见表 1(其中数量为估算数额,具体以实际结算确定的数量为准)。

表 1

产品名称	规格型号	计量单位(m^2)	日租金(单价)	预计数量	预计租赁天数	租金合计(元)
大模板、异形板、角模、堵板等						
附属小挂架		套				
楼梯踏步		步				
备注	租费按实际租期计算,改装费按双方认可的签证单为结算依据					

第二条　租赁物的技术要求

1. 甲方在本合同签订之日向乙方提供工程有关图纸及产品技术要求,双方进行技术交底。

2. 乙方按照甲方交付的技术交底资料和工程图纸制订租赁物的设计方案,因甲方图纸问题或其他原因导致技术交底资料在合同约定最早进场日期前 20 日未确认的,产品交付日期顺延。

3. 双方确认技术交底后__5__日内甲方可书面提出设计变更的要求,乙方应当予以满足;超出上述期限后甲方提出设计变更要求的,相应顺延产品交付日期。

4. 技术交底按照上述约定确认后,若乙方已经开始投入生产,甲方再次提出设计变更的要求时,除相应顺延产品交付日期外,还应对乙方已生产的成品、半成品变更部分的损失承担相应赔偿责任。

第三条　数量及质量

1. 双方按合同的约定交付租赁物之前，由甲方的主管质检人员在甲方所在施工现场按照甲方的“供货通知单”检验质量、清点数量。如有目测不合格的，乙方应给予当场更换。

2. 乙方应在甲方施工现场协助甲方进行首层模板的调试、安装。甲方在施工过程中，如遇到模板组装困难时，乙方应及时派专业技术人员前来甲方工地进行组装指导。如在甲方通知乙方__小时内，乙方仍未派专业技术人员前来指导，应扣除当天租金。如乙方指导人员迟迟不能到场并给甲方造成工期延误或窝工损失的，乙方承担全部责任。

3. 模板在使用过程中由于模板材料质量问题，造成模板变形，影响甲方施工质量，乙方必须无条件退货，并及时提供用于更换的模板，不得影响甲方施工工期，延误一天扣除两天租金。如工期影响致使甲方遭受到建设单位处罚或其他窝工损失的，甲方除扣租金外，乙方须承担全部责任。

4. 乙方应承担因模板产品质量问题而给甲方造成的一切经济损失或负担其他相关责任。

第四条　租赁期限及交货日期

1. 租赁物进场日期以双方签字确认的技术交底日____日后，以租赁物各种型号及配件（小挂架、变更增补及变层产品除外）全部进入甲方施工场地之日作为起租日，以各种型号的租赁物及配件全部退回乙方工厂的实际终止时间作为租赁期终止日（小模板及丢失配件除外）。

2. 甲方预计租赁物的最早进场日期为____年____月____日，若甲方工期推延，每次推延，甲方需在预计最早进场日期或前期双方已确认的顺延日期前 15 天书面通知乙方顺延日期，否则，预计最早进场日期或前期双方已经确认的顺延日期，视为双方确定的进场日期。

第五条　租赁物的交付

1. 交付时间：乙方应保证在甲方书面通知的实际交付日期内交付；采用分批、分段交货方式的，双方应在合同、技术交底上注明或另附件进行详细说明。

2. 交付方式：

（1）交付地点：甲方施工现场（________）

交付方式：乙方送货至租赁物实际使用现场。

（2）运费的承担方式为：乙方送货，甲方还货，费用双方各自承担。

第六条　租赁物的质量检验

1. 甲方应当在租赁物出厂前到厂内进行产品验收，如有异议，应当在《产品验收报告》上签署意见，如甲方放弃厂内验收，甲方应在收到货物起 3 日内对货物进行验收并向乙方提出异议，否则视为验收合格。

2. 甲方如对租赁物质量有异议，应按照本合同约定在上述期限内及时提出明确主张，乙方应该进行及时整改并满足施工质量要求；模板在使用后如仍然不能满足质量要求的，甲方可向乙方提出整改要求，乙方再次整改仍不能满足施工质量要求的，甲方有权单方终止合同并不承担任何违约责任。

第七条　租赁物的维修和保养

1. 租赁物在租赁期间由甲方负责维修和保养，如甲方使用、维护、保养不当导致租赁物损坏，甲方应向乙方承担赔偿责任。

2. 租赁期间，甲方擅自改变或增设物件，退租时需恢复原状，否则按照损坏程度承担赔偿责任。

第八条　租赁物的归还

1. 租赁期限届满，甲方将租赁物清理干净，全部退还至乙方厂内；否则乙方有权拒绝接收，租金继续计算。

2. 乙方应当在租赁物归还进厂后__1__小时内进行租赁物的清点和验收，并将清点的结果（数量、规格、质量问题等）以书面方式出具给甲方；如甲方对该结果有异议时，应当及时提出，双方意见统一后共同在《租赁物归还单》上签字确认。

3. 对于《租赁物归还单》中确认的丢失、损坏模板及配件，甲方同意按模板实际尺寸折算重量，新旧程度折算金额，具体参照《租赁物产品丢失、损坏、赔偿标准》（附件）进行赔偿。

4. 甲方在租赁期满后退还模板时，模板与配件应尽量同时返还，从开始退还之日起，甲方应在20天内将所有产品退还完毕，超出20天未退回的产品，租金继续计算。

第九条　租金结算

1. 租金结算时，租赁物的数量应当以甲方的收货单收到的数量为准，甲方书面指定的本合同产品负责人或代理人签字、盖章的收货单是双方租金结算的依据；租赁单价按表1列明的单价计算租金。

2. 本合同项下所有模板数量均按照满外尺寸面积计算，开洞（豁）产品（洞口面积小于0.3 m^2）按照未开洞（豁）的面积计算。

3. 每月30日为双方确定的结算日，乙方在结算日按照上述原则计算向甲方提供《租赁物结算单》，甲方对有异议的部分应当在收到后3日内书面提出，双方核定、确认后视为认可。《租赁物结算单》以双方签字盖章作为确认依据。

4. 甲方应于租赁物退厂后60日内办理完毕最终结算事宜并付清全部租金及产品丢失损坏费用。

第十条　保证金、租金的支付

1. 甲方应于本合同签署之日起3日内向乙方交纳租赁保证金人民币__元整。若甲方未按时支付保证金，乙方有权解除合同或顺延工期。如租赁期限内甲方未按约定交纳租金，乙方有权从该保证金中扣减相应金额；最终结算办理完后30日内，若甲方不存在违约行为，则乙方应当将租赁保证金抵扣租金。如双方合同未能实际履行，乙方应将全部保证金退还甲方。

2. 本合同项下的租金总额按照表1确定的价格与双方认可确定的租赁物数量及租赁期限计算得出。

3. 甲方同意按每____个月向乙方支付租金，每次支付额不低于已产生租金的____，退款前付至已产生租金的____；最终结算的租金按照本合同第八条第四款的约定执行。

4. 租金的支付方式：

（1）采用转账支票付款的，甲方应当在支票台头填写收款单位的全称。

(2)采用电汇、汇票付款的,甲方应当支付至本合同列明的乙方账户。

(3)采用现金付款的,甲方应当将货款支付给乙方书面明确授权收取货款的收款人及收款人的身份证原件及复印件,授权委托书需加盖乙方公章并由法定代表人签名。

(4)每次付款前乙方必须提供合格税务发票,否则甲方有权拒付租金。

第十一条　技术服务

1. 租赁物的设计依据现场塔吊位置及吊重配置。租赁物交付后首层合模时,乙方派技术人员到现场提供免费技术服务,至首层完成时止,乙方技术人员方可退场,但工程施工过程中乙方需负责技术服务。如因乙方技术服务不到位给甲方造成质量事故或其他损失的,乙方承担全部责任。

2. 租赁期限内产品出现质量问题的,乙方应及时给予修理、调换,如经两次修理、调换仍然不能满足施工质量要求的,甲方有权单方面终止合同并不承担违约责任。但因甲方提供的技术资料、图纸有误或违反《安全操作规程》造成产品不符合施工要求或损坏的,乙方不承担责任。

第十二条　商业秘密

甲乙方在签订和履行本合同中知悉的对方的全部信息(包括技术信息和经营信息等)均为甲乙双方的商业秘密。合同在履约过程中或者因何种原因终止、解除本合同的,双方都有义务承担保守对方商业秘密的责任。如有任何一方违反本条约定的,应当赔偿由此给对方造成的全部损失。

第十三条　知识产权

卖方必须保证向买方提供的产品不得侵犯任何人的专利权或商标权;若卖方提供的产品构成侵权,专利权人或商标权人向买方主张侵权赔偿的,由卖方承担全部赔偿责任,并且卖方还应承担由此给买方造成的施工现场窝工、停工、名誉等经济损失和法律责任。

第十四条　所有权

租赁物的所有权归属乙方;甲方在租赁期间负有合理使用、妥善保管的义务,非经乙方同意不得将产品转租、出售、转让、抵押。乙方就交付的租赁物的所有权承担确实属于乙方的保证责任,并负有保证第三人不得向甲方主张任何权利的义务。若甲方受到任何第三人就本合同租赁物所有权主张权利的,除乙方承担全部责任外,甲方有权拒绝向乙方支付租赁费。

第十五条　通知、送达

1. 甲方指定的本合同责任人为______________,前述责任人在确认技术依据、验收、发货、结算等环节签署的各种文件,均代表甲方意志。

2. 本合同约定双方给予对方的各种通知、确认书,均须以书面写成,双方联系方式见本合同结尾处所示。

第十六条　违约责任

1. 甲乙双方均应当全面履行本合同的约定,如任何一方因违约行为给对方造成损失的,应当承担所有的经济损失。

2. 租赁期限内,任何一方非因对方违约单方终止合同的,应当按合同未履行期限的租金余额向对方支付违约金。

3. 甲方延期支付租金的，应按照《中华人民共和国合同法》及相关规定承担违约责任。

4. 乙方逾期交付租赁物，应按照《中华人民共和国合同法》及相关规定承担违约责任。

5. 在本合同签订后如出现因建设单位或其他原因可能停工或推迟工程施工时，甲方应及时通知乙方暂停租赁物的加工和送货，如甲方未履行通知义务而给乙方带来损失的，甲方承担责任。除上述情况外，在甲方预计的租赁物最早进场日期之后超出两个月乙方仍未接到甲方租赁物具体进场日期的书面通知，乙方有权单方解除合同。

第十七条　争议的解决方式

有关本合同的解释以及因本合同在履行过程中发生的争议，由双方当事人协商解决；协商不成的，可依法向人民法院起诉。

第十八条　不可抗力

若出现不可抗力，即火灾、洪水、地震自然灾害、战争等其他合同双方人力不可抗拒的情况造成合同某一方不能完全或部分履行合同义务时，应在不可抗力的情况终止后5 天内向另一方书面通知，如另一方提出要求，则应在7 个工作日内提供书面的证明材料。在上述文件的基础上，双方可就合同另行协商是否延期或解除，并免除相应法律责任。

第十九条　其他

1. 本合同签订时，甲乙双方互交企业法人营业执照副本复印件及合同签订人资格证明文件各一份，并加盖公章，作为签约主体资格的证明。双方对乙方提供的上述文件的真实性和有效性承担法律责任。

2. 本合同一式四份，甲乙双方各执两份，具有同等法律效力。

3. 本合同经双方加盖公章或合同专用章、授权代表签字之日起生效，本合同文本在签订后如有任何修改，必须在修改后加盖双方公章或合同专用章方可生效。

4. 甲方在本合同约定范围之外增补租赁物的，增补租赁物的工期、付款、价格、交货方式应当另行签订补充协议。

第二十条　安全和环境责任

乙方应遵守施工现场的安全生产管理和环保制度，接受甲方的监督检查。因乙方原因导致安全事故或环境污染的，由乙方承担责任，对甲方造成的一切损失，乙方全部承担。

第二十一条　补充条款

1. 春节期间租赁费用优惠　天。

2. 甲方把大于3 cm的灰块清理干净后，其余由乙方自行清理。

3. 本合同另附附件一份："租赁物丢失、损坏赔偿标准"，双方在签订合同时将本表填写完整。赔偿标准、价格应参考市场价，考虑损耗、折旧等因素。

4. 标准件的合理损耗问题。

甲方(盖章)：	乙方(盖章)：
法人代表人：	法人代表人：
代理人：	代理人：

地址：	地址：
邮政编码：	邮政编码：
电话号码：	电话号码：
传真号码：	传真号码：
E－mail：	E－mail：
开户银行：	开户银行：
账号：	账号：

第8章　甲供材料的管理

8.1　甲供材料的管理

甲供材料的管理

1　甲供材料计划管理

1.1　开工前,项目部必须编制甲供材料的实际需求总计划,并提前与预算清单量进行对比。

1.2　项目部根据施工进度计划要求,提供准确的甲供材料进场计划。计划的提供时间和材料的进场时间应和甲方充分协商,给甲方充足的采购时间。

1.3　甲供材料计划中的质量要求100%符合国家规范和标准及施工合同特殊要求。

1.4　当月进场材料数量应能保证工程进度要求。

1.5　甲供材料计划报编、审批手续必须齐全。

2　甲供材料的验收

2.1　按施工大合同要求,甲方、监理方、施工方同时对进场材料进行联合验收。

2.2　资料验收:产品合格证、检验报告,备案证、有关许可证件,新型材料应具备鉴定资格单位出具的鉴定证书。

2.3　品牌 、尺寸、规格、型号、数量验收:全部符合合同订货清单要求。

2.4　质量验收

2.4.1　进场材料是否符合出厂标准及合同要求达到的标准要求。

2.4.2　进场材料的色泽、材质(指材料)外观等是否符合设计及合同要求。

2.4.3　按样品严格验收,与样品有差距时必须退货;"产品封样"保留到工程竣工及保修期结束。

2.4.4　检查进场材料合同要求的配件及辅材等是否齐全、正确;进场材料的产品保护措施是否到位。

2.5　检查进场材料的供货时间是否按合同及供货时间计划要求执行。如供货时间延误造成工期、经济损失,则由核算员直接向甲方书面报告,办理经济索赔和工期顺延相关事宜。

2.6　进场材料的验收工作必须做到100%,验收合格或检验合格后,方可打正式验收单。对不能直观验收的材料或数量较大无法开箱验收的材料,不能打正式收料单,只能打暂存条并载明该条不做结账依据。

2.7　项目部的验证不能免除甲方提供合格材料的责任。为保证成品的质量要求，甲方应对自己提供的经项目部验证合格的材料的合格性负全责。

3　甲供材料的保管

若一旦发现甲方提供的材料丢失、变质、损坏时应填写：甲方提供材料丢失、变质、损坏处理报告一式四份，并在报告上对发生原因作出描述，材料负责人和甲方协商并作出处理意见，质量部门对处理实行验证，将验证结果填写在处理报告表相应的栏目内，并注明日期。

4　甲供材料的结算、报耗和账务处理

4.1　项目部应及时和甲方沟通，日清月结，并按月办理双方数量、单价确认单，办理当月材料调拨手续。

4.2　根据甲供材料的数量、单价确认单或材料调拨手续办理正式的收料单，完善账务报耗等手续。

4.3　大合同有采保费的，按约定办理采保费的收取工作。

4.4　对甲供材料中的结余部分，除在大合同中约定结算办法外，项目部应提早制定应对措施，向甲方及时进行结算，以防效益的流失。

4.5　甲供材料单独建账。

8.2　甲供材料供料流程图

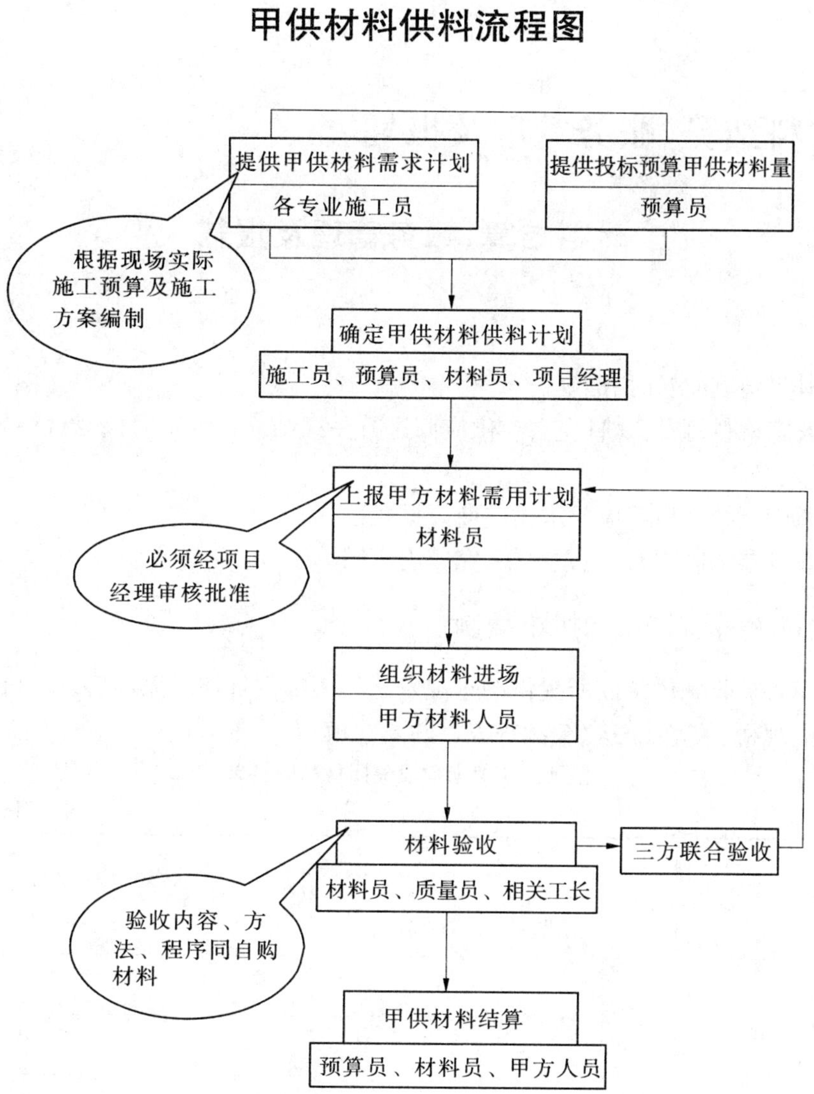

第 9 章　材料结算、账务管理及报耗

9.1　材料结算、账务管理及报耗

材料结算、账务管理及报耗

1　材料结算

1.1　材料结算应及时、准确。

1.2　大宗材料每月 20 日左右与供应商进行一次结算。结算时核对材料数量、单价、材料进场日期等。

1.3　原则上结算后就应要求供应商开据发票。

1.4　按发票编制收料单、领料单，完成内部结算手续。

2　收料单、领料单、调拨单编制

2.1　库管员收到供货商所提供的正规发票与实际供货核对无误后，按科目类别实际收到的名称、规格、数量、单价、金额等表格的要求填写。

陕西建工第七建设集团材料收料单

供应单位：　　　　　　　　　　　　　　　　　　　　　　　年　月　日

材料名称	规格	单位	数量		单价	金额	原始凭证号	备注
			采购量	实收量				

组长：　　　　　　　　　　　　经手人：　　　　　　　　　　　　验收人：

2.2　领料单的填写：根据实际发出的材料科目的名称、规格、数量、单价、金额等按表格要求填写。

陕西建工第七建设集团材料领料单

领料单位：　　　　　　　　　　　　　　　　　　　　　　　　年　月　日

材料名称	规格	单位	数量		单价	金额	货位号	备注
			计划	实发				

组长：　　　　　　　　　　　　发料人：　　　　　　　　　　领料人：

3　材料明细账

3.1　记账依据：库管员依据收料单、领料单、调拨单、盘点盈亏调整单进行记账。

3.2　记账程序

记账的程序是从审核、整理凭证开始，然后按规定登记账册、结算金额以及编制报表的全部账务处理过程。正确的记账程序能方便记账，提高记账效率，及时、准确、全面、系统地反映材料流动状况。

3.2.1　审核凭证。是指审核凭证的合法性、有效性。凭证必须是合法凭证，有编号，有材料收发动态的指示；能完整地反映材料经济业务从发生到结束的全过程情况。白条子（临时性借条）不能作为记账的合法凭证。合法凭证要按规定填写，日期、名称、规格、数量、单价、印章都要齐全，抬头要写清楚，否则为无效凭证，不能据以记账。

3.2.2　整理凭证。记账前先将单据凭证分类（按规定的材料类别）、分档（按各本账册的材料名称排列程序分档）、排列（按本单位经济业务实际发生日期的先后排列），然后依次序逐项登记。

3.2.3　账册登记。根据账页上的各项指标自左至右逐项登记。已记账的凭证，应标记，防止重复。记账后，对账卡上的结存数要进行验算。即：上期结存 + 本期收入 - 本项发出 = 本项结存。

3.2.4　编制报表。

3.3　材料明细账务处理要求及方法

材料账务处理的基本要求是系统、严密、及时、准确，详细要求如下：

3.3.1　材料数量的计量单位必须是国家法定的计量单位；材料的名称、规格、型号必须符合有关的国家和行业、企业标准。

3.3.2　按集团公司材料管理部统一规定的材料类别划分建立材料明细账，此账应连续使用，不能因工程跨年施工而更换，若账页不够，可在后面增加，保持核算的连续性。

3.3.3　库管员应将每日的收料单、领料单及时记账，并将内容填写清楚，余额逐笔核算。

3.3.4　账表应承前启后，日清月结，一张单据记一笔，不允许将同一种规格型号几张单据作一笔记账处理。

3.3.5　记好摘要，保持所记经济业务的完整性。

3.3.6　用蓝色墨水或黑色墨水记账，用钢笔正楷书写。红色墨水限于划线及退料冲账时使用。

3.3.7　保持账页整洁、完整。记账有错误时，不得任意撕毁、涂改、刮擦、挖补或使用褪色药水更改，可在错误文字上划一条红线，上部另写正确文字，在红线处加盖记账员私章,以示负责。对活页的材料账页应作统一编号,记账人员应保证领用材料账页的数量完整无缺。

3.3.8 材料账册必须依据编定页数连续登记,不得隔页和跳行。当月的最后一笔记录下面应划一条红线,红线下面计“本月合计”,然后再划一条红线。换页时,在“摘要”栏内注明“转次页”和“承上页”的字样,并作数字上的承上启下处理。

3.3.9 将项目部的收、发料的原始单据及记账凭证分月整理装订成册,在封面注明年、月、日,以便以后查找。账册、收料单、领料单、调拨单等重要的经济档案和历史资料必须按规定期限和要求妥善保管,在保管过程中要做到防潮、防霉、防丢失,工程交工后交给材料科保管至工程结算完毕,保修期结束。在保管过程中不得任意销毁。

3.3.10 提倡电子账务。

4 材料日进料流水账

材料日进料流水账的登记应全面、真实,相关人员签字手续完整。

5 材料资金账

6 材料暂估台账

6.1 材料暂估台账应用单独账本记账。

6.2 材料暂估台账的记账凭证依据暂估的收料单、领料单。

6.3 材料发票正式开据后,材料暂估台账应冲减。

6.4 材料暂估台账的账务处理程序和要求同材料明细账处理程序。

7 甲供材料明细账

7.1 甲供材料应用单独账本记账。

7.2 甲供材料的原始凭证是甲方提供的材料调拨单。甲供材料的手续应准确、清楚、有效,签字盖章手续齐全。

7.3 材料暂估台账的记账凭证是依据有效的甲供材料调拨手续编制的收料单、领料单。

7.4 甲供材料的账务处理程序和要求同材料明细账处理程序。

8 材料报耗、盘点

8.1 每月按材料明细账、暂估账,甲供料账的收入、发出量,按实际编制材料报耗表,严禁以领代耗。

8.2 木竹材、工具性材料(配电箱,小型工具、型钢)合理摊销,周转材料租赁费按月结算,据实报耗。

8.3 每年第三季度末、年底对库存材料进行盘点,编制材料盘点表(见附件)。

8.4 盘亏材料说明原因,并进行报耗,进入工程成本。

8.5 项目部材料报耗表、盘点表报基层单位材料科;材料科汇总后报集团公司材料管理部。

8.6 材料报耗表、盘点表用电子表格通过自动化办公系统上报。

9.2 料具收发存报表

料具收发存报表

科目名称：　　　　　　　　　　工程名称：　　　　　　　　　　2014-5-30

料具名称	规格	单位	单价	期初结存		(本)月收入						本(月)发出				期末结存	
						自购		甲供		调入							
				数量	金额	数量	金额	数量	金额	数量	金额	数量	金额	数量	金额	数量	金额

主管领导：　　　　　　　　　　审核人：　　　　　　　　　　制表人：

9.3 项目各种材料工程报耗分类明细

项目各种材料工程报耗分类明细

报耗材料分类名称	分类明细
黑色金属	螺纹钢、圆钢、角钢、方钢、钢管、扁钢、钢板、槽钢、C 型钢、镀锌铁皮
木竹材	原木、板材、方木、多层板、竹架板、三合板、木龙骨、九厘板、镜面板、木工板
商混凝土	各种商混凝土、预拌砂浆
硅酸盐	普通硅酸盐水泥、白水泥、陶瓷制品、装饰用墙地砖、花岗岩、大理石、各种硅酸盐制品
大宗地材	砖、瓦、灰(白灰)、砂、元石、砾石、混凝土加气块、各种轻集料砌块、水泥砖、粉煤灰、大白粉、石膏粉
五金及制品	非机械用各种螺丝、钢丝绳(非塔吊用绳)、钉子、铁丝、铅丝、钢丝绳卡、合页、电焊条、油桶、钢丝网、铆钉、钢插销、各种螺母、钢板网
油漆化工	各种油漆、松香水、108 胶、界面剂、汽油、纤维素、止水条(带)、保温板、黄油、机油、煤油、各种胶、各种涂料、砂浆王、各种外加剂、碱、盐
其他材料	线、绳、麻丝、墨汁、彩条布、塑料布、棉毡、有机塑料板、棉纱、旧门窗、彩钢板、夹心彩钢板、油毡、铝塑板、穿墙 PVC 管、煤、防水材料
水电材料	各种电线、电缆、配电箱、各种灯具、插座、漏电保护器、各种水暖管材及配件、胶皮管、电磁阀、阀门、PE 管、铝塑管、排气扇、各种管卡
	绝缘板(棒)、热缩管、线鼻、座便器、面盆、行程开关、倒顺开关、水电 PVC 管、各种开关
结构件	门、窗、铝合金门窗
工具用具	各种消防用具(灭火器、消防斧、消防钩、消防桶、锹)、扳手、榔头、铁锹、洋镐、冲击钻、钻头、角磨机、钢筋剪刀、錾子、游标卡尺、洛阳铲
	卷尺、电炉、手电筒、车胎、锯条、钢丝轮、锯片、切割片、温度计、天平、磅秤、加热管、温控箱、混凝土试模、环刀、干湿温度计、液压钳、梯子、靠尺
	万用表、剥线钳、斧头、油石、炒锅、各种毛笔、各种毛刷、各种铅笔、三角尺、弯簧、套筒扳手、锁子、电池、充电器、笤帚、扫把、元宝车
机械配件	调直机插销、调直机钢套、调直块、电磁铁、机座、板簧、轴承、水泵连轴器、塔吊用吊物钢丝绳、吊物 U 型环、电焊机
	打夯机、各种建筑机械、洗车泵、污水泵、增压泵、台钻
劳保用品	雨鞋、绝缘鞋、雨衣、安全帽、安全带、手套、雨伞、口罩、棉大衣、电焊面罩、安全网、密目网、耳塞、工具包
周转材料	钢制类:工字钢、钢管、扣件、步步紧、U 型环、钢模板、安全通道、丝杠、钢筋加工棚
	木竹材类:木架板、竹架板

单位负责人:　　　　　　　　　　　　　　　　制表人:

9.4　定额流动资产盘存与账存对比表

定额流动资产盘存与账存对比表

单位名称：　　　　2013-12-30　　　　黑色金属

编号	类别名称	规格	单位	单价	盘存		账存		盘盈		盘亏		备注
					数量	金额	数量	金额	数量	金额	数量	金额	
1													
2													
3													
4													
5													
6													
7													
8													
9													
10													
11													
12													
13													
14													
15													
16													
17													

单位负责人：　　　　保管人：　　　　制表人：

9.5 定额流动资产盘存与账存汇总对比表

定额流动资产盘存与账存汇总对比表

单位名称:陕西建工第七建设集团有限公司　　2014-9-30

编号	类别名称	规格	单位	单价	盘存		账存		盘盈		盘亏		备注
					数量	金额	数量	金额	数量	金额	数量	金额	
1	黑色金属												
2	木 材												
3	硅酸盐												
4	大宗地材												
5	化工材料												
6	五金及制品												
7	水电材料												
8	油漆化工												
9	其他材料												
10	结构件												
11	合 计												
12	周转材料												
13	合 计												
14	劳保用品												
15	工具用具												
16	合 计												
17	机械配件												
18	总合计												
19													
20													

单位负责人:　　财会负责人:　　审核人:　　制表人:

9.6　料具报耗汇总表

料具报耗汇总表

料具类别：　　　　2014年7月报表　　　　单位名称：

项目名称											合计
名称金额	工程消耗	临建消耗	机械消耗	文明工地	行政消耗	工程消耗	临建消耗	机械消耗	文明工地	行政消耗	

主管领导：　　　　审核人：　　　　制表人：　　　　年　月　日

9.7　材料消耗资金登记台账

材料消耗资金登记台账

年　月　日

材料类别	本月材料消耗金额(元)												合计
	1月	2月	3月	4月	5月	6月	7月	8月	9月	10月	11月	12月	
累计													

制表人：

9.8　材料日进料流水台账

材料日进料流水台账

时间	材料名称	规格型号	单位	数量	尺寸/重量（磅单号）	车号	送料单位人名	收料人名	结算单号

制表人：

第 10 章　材料成本管理

10.1　材料成本管理

材料成本管理

1　材料成本管理预测、计划和控制措施

1.1　项目部材料组应在开工前根据确定的施工方案和图纸编制整个工程的材料申请总计划(该申请总计划可分正负零、主体封顶、装修三阶段编制,也可按分部分项工程编制后汇总),作为项目材料需求量的控制目标。

1.2　项目经理应组织项目部预算组和材料组进行材料成本预测,总需用计划量和清单材料量(投标预算材料含量)对比,材料实际采购价格和投标预算收入价格的对比,发现问题找出原因,并提出应对措施、纠正方案。

1.3　对建设方认质认价的材料,项目经理、材料主管应和建设方、供应商多沟通,采取多种方式争取价格利润,严禁出现“认价低,采购高”的现象。应收取采保费和计取相关费用。

1.4　基层单位材料科和项目部材料主管应通过集中采购、招标采购、议标采购、询价采购等方式控制材料采购单价。

1.5　基层单位材料科长应合理调配本单位材料资源,材料科长和材料主管编制采购计划时应计算经济采购批量,减少库存和积压。

1.6　材料主管、库管人员严格按照材料进场验收的程序进行材料进场验收,严格进行计量验收、质量验收。

1.7　材料主管、库管人员按照材料的特性存放、保管材料,合理划分区域,减少材料在存放过程中的损失,减少二次搬运。

1.8　和分包单位签订的分包合同中应有材料管理的协议书,约定材料的使用、控制损耗率、奖惩办法等内容,实施限额领料,并予以落实控制。

1.9　材料管理人员有权监督材料的使用,对材料使用中的浪费现象有权报项目经理,给予处罚。

1.10　加强废旧材料的回收利用,材料废料处理公开透明。

2　材料成本核算和分析、监督

2.1　项目经理应每月组织项目管理人员对材料的成本情况进行核算,并进行分析,找出盈亏原因,做出说明,并制定相应的控制措施。

2.2 项目部材料主管每月填报成本分析表(见附表),随材料报耗表报单位材料科,材料科汇总后,报集团公司材料管理部。

2.3 项目部应组织相关人员严格按制定的材料成本控制措施进行材料成本的控制,并有检查,发现问题及时整改。

2.4 基层单位材料科,集团公司材料管理部对项目部材料成本管理的情况进行检查、监督、指导,并推广好的成本管理经验和办法。

10.2 项目部材料成本预测情况及材料成本控制计划

项目部材料成本预测情况及材料成本控制计划

略

10.3　材料成本管理工作流程图

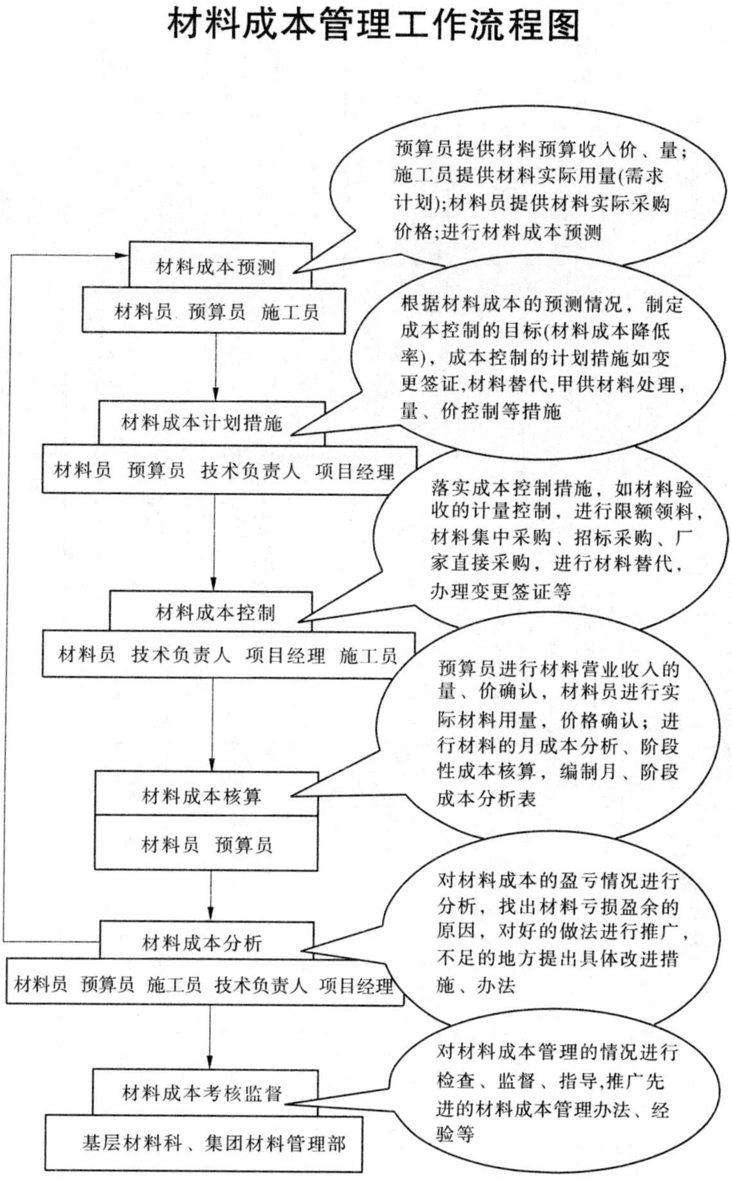

10.4　项目部材料成本分析表

项目部材料成本分析表

工程名称：　　建筑面积：　　结构形式：　　工程造价：

序号	材料名称	规格	单位	价格分析(元)				数量分析								金额分析(元)								盈亏原因分析	占总造价比例
				预算价	采购价	价盈亏	盈亏比率	预算数量		消耗数量		量盈亏		盈亏比率		预算金额		消耗金额		盈亏金额		盈亏比率			
								本月	累计	本月	累计	本月	累计	本月	累计	本月	累计	本月	累计	本月	累计	本月	累计		
1	钢材																								
2	商混凝土																								
3	砂子																								
4	石子																								
5	木材																								
6	墙砖																								
7	加气块																								
8	水泥																								
9	周转材料																								
10																									
11																									
12																									
13																									
14																									
15																									
16																									

项目经理：　　预算人员：　　材料主管：　　制表人：

说明：1. 原因分析可另附说明；2. 价格可取平均价格；3. 预算价，预算数量，预算金额，为可确认的营业收入的量。

10.5　单位工程阶段性材料成本分析表

单位工程阶段性材料成本分析表

工程名称：　　　　　　　　　　　　　　　　　　年　月　日

材料名称	规格型号	单位	产地	清单成本(1)			预控成本(2)			实控成本(3)			盈亏分析(±)			盈亏分析(±)		
													1~2			2~3		
													对比			对比		
				数量	单价	总价	数量	单价	总价	数量	单价	总价	数量	单价	合计	数量	单价	合计

盈亏说明：

说明：本表在正负零、主体部分、装饰装修阶段做成本分析。

10.6　盈亏分析报告

盈亏分析报告

一、材料盈亏的说明 二、原因分析 三、采取的控制措施 项　目　部： 年　月　日

第 11 章　专业分包材料管理

专业分包材料管理

1. 专业分包必须在集团公司允许范围内,材料管理可参照本手册内容。

2. 分包方自主采购的材料、租赁的周转材料,集团公司相关管理人员对材料质量进行控制,审查有关材料标准的准确性、材料供方资质等。

3. 分包方材料进场验收必须按照集团公司材料进场验收方法和程序进行。分包方的材料进场尤其是涉及主体结构安全、功能性的材料,集团公司相关管理人员应参与验收,并留有记录。

4. 分包方的现场材料管理应按集团公司标准化建设的要求进行,集团公司相关管理人员监督执行。

5. 集团公司材料管理部、基层公司(直属项目部)材料科应对分包方的材料管理进行检查、监督、服务、指导工作。

第 12 章　材料人员调离交接

12.1　材料人员调离交接

材料人员调离交接

1. 材料人员因工作需要调离时，应办理交接手续。

2. 离职交接包括所有实物、账册、凭证、文件、合同、表册等，由项目部主管经理或材料科派员监交，交接手续不清，不得离任。

3. 交接中如遇账务不符、不全等情况，应由移交人负责查办。

4. 交接完毕，应办理交接清册，移交、接收、监交三方签字。

12.2　材料人员交接记录

材料人员交接记录

交接人：　　　　接手人：　　　　监交人： 日期：

第13章　检查、监督、指导和持续改进

13.1　检查、监督、指导和持续改进

检查、监督、指导和持续改进

1. 集团公司材料管理部，基层单位材料科对项目部的材料管理应进行定期检查、专项检查。

2. 检查可通过访谈、查阅文件和资料、现场实地查看、仪器测量等方法进行。

3. 对检查中发现的问题应提出立即整改、限期整改等要求，严重的问题应提出检查/监督报告（见附件）并验证整改情况。

4. 集团公司、基层单位材料科可按材料检查评分表的内容对项目部材料管理工作全面检查（检查评分表见附件）。

5. 项目部对检查中提出的问题应认真对待，积极落实整改。

6. 集团公司材料管理部应定期对基层单位材料科的工作进行检查、监督。

13.2　检查/监督报告

检查/监督报告

检查/监督区域			
陪同人员		检查日期	
检查结果			
建议或意见			
验证情况			

被检查/监督人：　　　　检查/监督负责人：

13.3 陕建七建集团项目动态管理考核表（材料管理部）

陕建七建集团项目动态管理考核表（材料管理部）

项目名称：　　　　　　　　检查人：　　　　　　　　检查日期：　　年　月　日

考核内容及评分标准		扣分原因	得分
一、质量管理体系内容（8分）	1. 供方调查报告、评价表、合格供方复评表是否完整，填写是否正确（3分） 2. 合格供方名录是否建立，编、审、批手续是否齐全（2分） 3. 证件、资质文件是否完整、真实、有效（3分）		
二、职业健康安全管理（7分）	1. 材料运输、装卸、存储的安全，有无坍塌危险，防盗措施是否有效（3分） 2. 防火、防中毒是否有管理办法和措施，措施是否有效（2分） 3. 劳保用品的验收、发放是否正确，是否留有记录（2分）		
三、环境管理（5分）	1. 材料有害元素的控制，有毒物品的保管和发放是否控制有效，并有记录（2分） 2. 外来运输车辆的控制，与相关方的沟通（1分） 3. 危险废弃物回收与保管是否符合规定，警示标志是否完好（2分）		
四、采购合同管理（15分）	1. 材料招投标（议标）采购情况，是否进行招标采购，是否有招标组织，招标采购的记录（3分） 2. 市场价格的调查和比对记录，与预算价格的对比（2分） 3. 采购单价是否适中，是否低于预算价格、甲方认价（2分） 4. 和供应商的洽谈，是否留有洽谈记录（1分） 5. 合同中材料质量验收标准是否正确，是否采用标准化文本（2分） 6. 合同是否经过审批，手续流程是否合规（2分） 7. 合同的台账、履约台账是否建立（2分） 8. 合同的变更手续是否合法，合同变更是否经过审批（1分）		

续表

考核内容及评分标准		扣分原因	得分
五、计划管理(5分)	1. 材料申请总计划、月计划、周转材料需用计划、采购计划是否有,是否真实(3 分) 2. 计划的准确性、及时性(1 分) 3. 计划的编、审、批(1 分)		
六、验收存储发放使用(15 分)	1. 材料进出场登记,门卫登记(1 分) 2. 收领料,限额领料手续是否齐全,负责人签字手续是否齐全(1 分) 3. 到货物资记录、材料检验报告(1.5 分) 4. 材料检验/验证结果通知单(1.5 分) 5. 顾客提供材料丢失、变质、损坏处理报告,不合格材料处理报告(0.5 分) 6. 紧急放行记录(钢材、商混凝土、水泥、电焊条不允许紧急放行)(0.5 分) 7. 周转材料是否进行质量验收,检验是否留有记录(1 分) 8. 周转材料是否做到工完场清,是否有过剩现象(2 分) 9. 大宗材料及钢材、商混凝土的收料,票据整理是否符合要求(1 分) 10. 易燃易爆品存储是否合理,交接记录是否清楚(1 分) 11. 木竹材的拼接,合理摊销(1 分) 12. 现场材料的使用监控(是否对材料浪费现象进行处罚)(1 分) 13. 辅助材料的进场验收管理(2 分)		
七、账务管理(10分)	1. 日进料流水账(2 分) 2. 材料明细账(2 分) 3. 资金账(1 分) 4. 周转材料进出场明细账(2 分) 5. 材料暂估台账(1 分) 6. 周转材料结算台账(2 分)		

续表

考核内容及评分标准		扣分原因	得分
八、现场和库房管理(15分)	1. 仓库建立是否全面(2分) 2. 仓库内材料是否分类归放、整齐、整洁(2分) 3. 仓库内材料是否标识齐全、准确(1分) 4. 仓库内是否配置足够消防器材(1分) 5. 现场材料是否按平面图存放,整洁有序,区域划分合理(5分) 6. 现场材料存放是否符合有关技术要求(2分) 7. 现场材料是否标识全面、准确(1分) 8. 现场是否按要求配置了足够的消防器材(1分)		
九、成本管理(20分)	1. 材料的认质、认价手续是否齐全、有效(2分) 2. 甲供材料结算是否及时,甲供材料量、价差的处理,甲供材料代换措施(4分) 3. 材料报耗的真实性、准确性、及时性,周转材料的合理报耗、摊销(4分) 4. 逐月材料的两算对比及成本情况分析,成本控制措施(6分) 5. 主体、装饰、竣工阶段的材料成本核算(4分)		
十、加分项目(16分)	1. 材料单价的约定是否在限价内(4分) 2. 材料使用的创新、降耗、增加周转次数等(4分) 3. 是否参加集中采购(4分) 4. 材料的重复利用,废品的回收和利用(2分) 5. 材料成本预测情况、成本控制措施和盈亏报告分析(2分)		

第 3 篇　常用材料验收保管方法

3.1　常用钢材的一般知识及验收和保管

常用钢材的一般知识及验收和保管

1　钢材一般常识

建筑钢材分为钢结构用钢、钢筋混凝土结构用钢、建筑装饰用钢材制品、建筑安装用钢材；建筑钢材一般为碳素结构钢，碳素结构钢的牌号由代表屈服强度的字母 Q 表示，Q 后的数字表示屈服强度数值。

1. 钢筋混凝土结构用热轧钢筋

(1)钢筋混凝土结构用钢主要品种有热轧钢筋、预应力混凝土用热处理钢筋等。热轧钢筋是建筑工程中用量最大的钢材品种。热轧钢筋按钢筋表面形状分为光圆钢筋和带肋钢筋(螺纹钢)；螺纹钢分为盘螺和直螺纹钢筋。

(2)常用光圆钢筋牌号有 HPB235，HPB300(HPB 是英文热轧光圆钢筋的缩写，300 表示钢筋的屈服强度不小于 300 MPa)；常用螺纹钢筋牌号有 HRB335，HRB400(HRB 是英文热轧带肋钢筋的缩写，400 表示钢筋的屈服强度不小于 400 MPa)，HRB500。其中，HRB335 是俗称的二级钢，已禁止使用；HRB400 即俗称的三级钢，是我国提倡使用的钢筋品种。

(3)常用热轧钢筋按抗震要求分为带 E 和不带 E 钢筋；钢筋牌号后带 E 表示抗震结构用钢。

(4)常用热轧钢筋按规格分为ϕ6.5、ϕ8、ϕ10、ϕ12、ϕ14、ϕ16、ϕ18、ϕ20、ϕ22、ϕ25、ϕ28、ϕ32 不同品种。螺纹钢和光圆钢筋直径ϕ10(包含 10)以下一般为盘螺或盘圆，螺纹钢和光圆钢筋直径ϕ12(包含 12)以上一般为直条，长度一般为 9 m。

(5)按定尺长度交货的光圆钢筋长度允许的偏差范围为 0 ~ +50 mm；按定尺长度交货的带肋钢筋长度允许的偏差为 ±25 mm；带肋钢筋要求最小长度时，其偏差为 +50 mm；带肋钢筋要求最大长度时，其偏差为 −50 mm。

直螺纹钢筋(一般直径为φ12 以上)

盘螺钢筋(一般直径为φ6.5、φ8、φ10)

盘圆钢筋(一般直径为φ6.5、φ8、φ10)

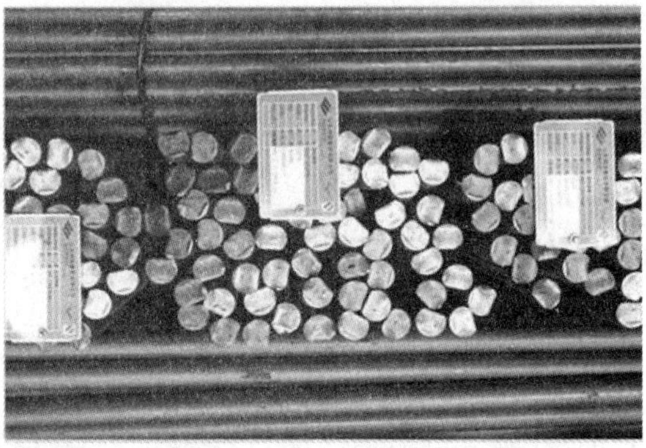

圆钢钢筋(一般直径为φ12 以上)

热轧带肋钢筋重量及直径允许误差表

公称直径 d(mm)	内径 d_1(mm)	内径允许误差(mm)	理论重量(kg/m)	重量允许误差(%)
6	5.8	±0.3	0.222	±7
8	7.7	±0.4	0.395	
10	9.6		0.617	
12	11.5		0.888	
14	13.4		1.21	±5
16	15.4		1.58	
18	17.3		2.00	
20	19.3	±0.5	2.47	
22	21.3		2.98	±7
25	24.2		3.85	
28	27.2	±0.6	4.83	
32	31		6.31	
36	35		7.99	
40	38.7	±0.7	9.87	
50	48.5	±0.8	15.42	

常用热轧光圆钢筋直径及理论重量允许偏差

公称直径（mm）	允许偏差（mm）	理论重量（kg/m）	重量允许偏差（%）	不圆度（mm）
6(6.5)	±0.3	0.222(0.260)	±7	≤0.4
8		0.395		
10		0.617		
12		0.888		
14	±0.4	1.21	±5	
16		1.58		
18		2.00		
20		2.47		
22		2.98		

常用热轧钢筋的品种及强度标准值

表面形状	牌号	常用符号	屈服强度	抗拉强度	备注
			不小于	不小于	
光圆	HPB235		235	370	
	HPB300		300	420	
带肋	HRB335		335	455	二级钢
	HRB400		400	540	三级钢
	HRB500		500	630	

钢筋铭牌

注：每一批钢筋的规格、数量、炉批号，其实物和铭牌、材质单应相互对应。

2. 钢结构用钢

钢结构用钢主要是热轧的成型的型钢和钢板。型钢是钢结构中采用的主要钢材，主要品种有工字钢、H型钢、T型钢、槽钢、等边角钢、不等边角钢、扁钢等。钢板分为厚板（厚度大于4 mm）和薄板（厚度小于或等于4 mm）两种。

(1)工字钢。

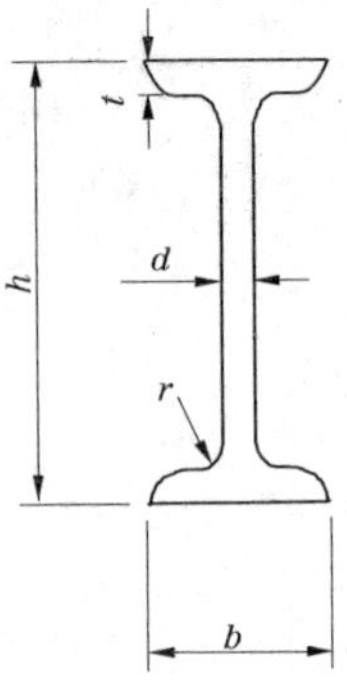

习惯上把高度 100 mm 即 10 cm 高的工字钢称为 10 号工字钢。

工字钢、外形允许偏差 （单位：mm）

项目	规格	允许偏差
高度 h	<100	±1.5
	100～200	±2.0
	200～400	±3.0
	400	±4.0
腿宽度 b	<100	±1.5
	100～150	±2.0
	150～200	±2.5
	200～300	±3.0
	300～400	±3.5
	400	±4.0
腰厚度 d	<100	±0.4
	100～200	±0.5
	200～300	±0.7
	300～400	±0.8
	400	±0.9

(2)槽钢。

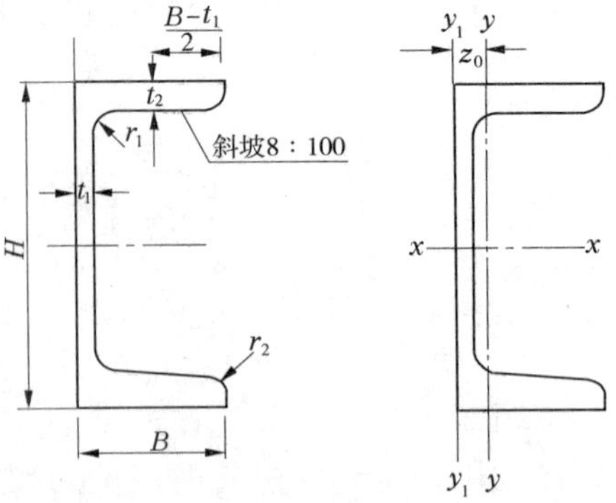

H—高度；B—腿宽；t_1—腰厚；t_2—平均腿厚；r_1—内圆弧半径；r_2—腿端圆弧半径

习惯上把高度 100 mm 即 10 cm 高的槽钢称为 10 号槽钢。

(3)等边角钢。

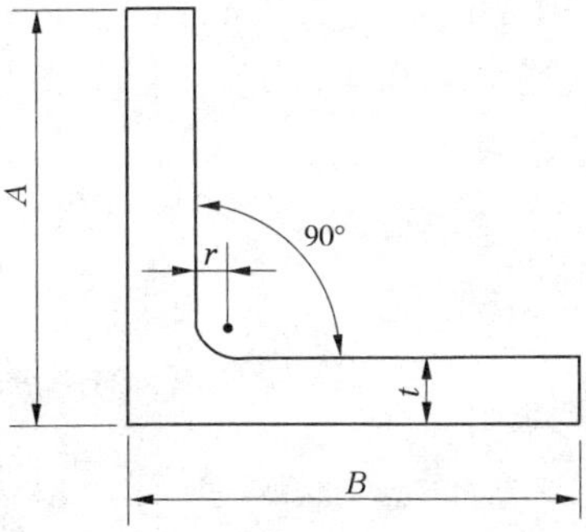

等边角钢的表示一般以边长度乘以边厚度来表示,如 L30 ×3 表示边长度 30 mm,边厚度为 3 mm。

等边角钢尺寸、外形允许偏差 (单位:mm)

项目	规格	允许偏差
边宽度(*A*,*B*)	56	±0.8
	>56 ~90	±1.2
	>90 ~140	±1.8
	>140 ~200	±2.5
	>200	±3.5
边厚度(*t*)	56	±0.4
	>56 ~90	±0.6
	>90 ~140	±0.7
	>140 ~200	±1.0
	>200	±1.4

(4)扁钢。

黑扁钢

镀锌扁钢

扁钢一般分为黑扁钢和镀锌扁钢两种，扁钢一般用宽度×厚度表示，如 -30×3 表示宽度为 30 mm，厚度为 3 mm 的扁钢。建筑常用扁钢的宽度允许偏差不大于 -0.9 mm，厚度误差不大于 -0.4 mm。

(5)钢板。

钢板

镀锌钢板

钢板规格表示方法为宽度×厚度×长度，单位为 mm。

3. 建筑装饰用钢材制品

建筑装饰用钢材制品主要有不锈钢制品及轻钢龙骨。

4. 建筑安装用钢材品种

建筑安装用钢材品种主要是焊接钢管、KBG 薄壁管；水暖管材主要品种有焊接钢管、镀锌钢管、无缝钢管、钢塑复合管、铸铁管等。

(1)焊接钢管。

一般建筑用焊接钢管，俗称黑管，是用于输送水和取暖蒸汽等一般较低压力流体和其他用途的焊接钢管。钢管按壁厚分为普通钢管和加厚钢管；钢管的规格用公称口径(mm)表示，公称口径是内径的近似值。常用规格有 DN15、DN20、DN25、DN32、DN40、DN50、DN65、DN80、DN100、DN125、DN150、DN200 等，焊接钢管一般为定尺 6 m。

(2)镀锌钢管。

镀锌钢管是在普通钢管上镀上一层锌防腐蚀，有热镀锌和冷镀(电镀)锌两种加工方式，冷镀锌管已经被淘汰。钢管的规格用公称口径(mm)表示，公称口径是内径的近似值，常用规格有 DN15、DN20、DN25、DN32、DN40、DN50、DN65、DN80、DN100、DN125、DN150、DN200 等。

普通焊接钢管理论重量及壁厚误差表

公称直径(mm)	英寸	理论重量(kg/m)	壁厚(mm)	壁厚允许误差(%)
15	1/2	1.26	2.75	±10
20	3/4	1.63	2.75	
25	1	2.42	3.25	
32	1 1/4	3.13	3.25	
40	1 1/2	3.84	3.5	
50	2	4.88	3.5	
65	2 1/2	6.64	3.75	
80	3	8.34	4.0	
100	4	10.85	4.0	
125	5	13.42	4.0	
150	6	17.81	4.5	

镀锌钢管的理论重量在焊接钢管的理论重量上增加 6%，壁厚误差等同于焊接钢管。

(3)无缝钢管。

无缝钢管是用实心管坯经穿孔后轧制的，按生产方法不同，分为热轧管、冷轧管、冷拔管、挤压管等；按材质的不同，分为普通碳素结构管、低合金结构管、优质碳素结构管；按专门用途分，有流体管、锅炉管、地质管、石油管等。建筑常用无缝钢管为热轧碳素流体管。无缝钢管规格一般用公称直径×壁厚表示。无缝管无壁厚负误差。

(4) KBG 管。

KBG 管是采用套接扣压式连接技术，取代传统的胶水连接或焊接施工，且无须再做跨接线的线管，加工精度高，焊缝光滑，双面镀锌保护，外观平直无弯曲，壁厚均匀，圆度高，两端套丝，端口平滑、圆顺，无毛刺。一般定长 4 m。标准型规格有六种：Φ16、Φ20、Φ25、Φ32、Φ40、Φ50。

重量轻：在保证管材的一定强度条件下，降低了管壁的厚度，从而给施工安装、装卸搬运带来了很大的方便。

价格便宜：管壁由薄壁代替厚壁，节省了钢材，使管材单位长度的价格大幅度下降，从而降低了工程造价。

施工简便：管材的套接方式以新颖的扣压连接取代了传统的螺纹连接或焊接施工，而且无须再做跨接，即可保证管壁有良好的导电性，省去了多种施工设备和施工环节，简化了施工，提高了工效，既加快了施工进度，又节省了施工费用。

安全施工：管材的施工无须焊接设备，使施工现场无明火，杜绝了火灾隐患，确保了施工现场的安全。

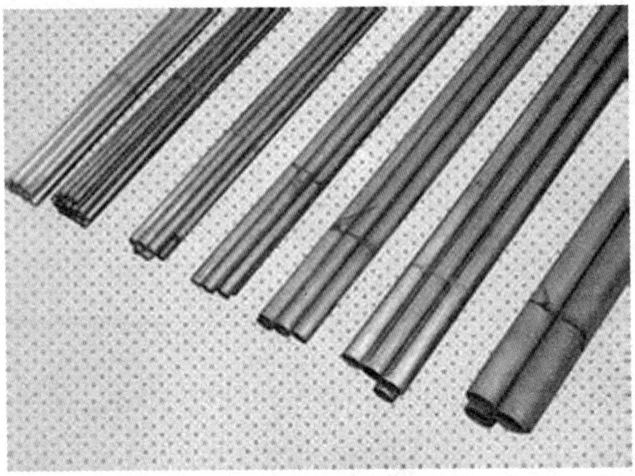

KBG 管材 KBG 管规格尺寸　　（单位：mm）

规格	Φ16	Φ20	Φ25	Φ32	Φ40
外径	16	20	25	32	40
壁厚	1.0	1.0	1.2	1.2	1.2

2　钢材的适用标准

(1) 热轧钢筋依据 GB 1499.1、GB 1499.2 及 GB 50666 标准中第 5.2.2 条款要求等条

款验收。

(2)《低压流体输送用镀锌焊接钢管》(GB/T 3091—2008)。

(3)《低压流体输送用焊接钢管》(GB/T 3092—2008)。

(4)《输送流体用无缝钢管》(GB/T 8163—2008)。

(5)《水及燃气管道用球墨铸铁管、管件和附件》(GB/T 13295—2008)。

(6)《碳素结构钢和低合金结构钢热轧厚钢板和钢带》(GB 3274—2007)。

3　钢材的验收

1. 验收流程

(1)现场材料员按合同计划通知供应商送货。

(2)材料到达现场,门卫人员登记此批钢材的到货时间(年、月、日、几点、几分)、车牌号、送货单位(人)、规格及数量。

(3)材料员检验核对当批钢材的型号、规格、数量是否与计划要求相符,与合同的品牌、单价、质量标准是否一致,和质量人员等相关人员进行质量验收,并通知三方联合验收。

(4)材料员填写到货记录(到货物资记录应填全钢筋的名称、规格型号、数量、炉批号)并标识此批钢材待检状态,待检时现场不得使用,如使用,应追究当事人责任。

(5)材料员将到货记录转交并通知试验员取样送检验,试验员应在合同约定时间内将检验结果书面通知材料员,如不能按约定时间出检验结果,由试验员承担直接责任。

(6)材料员按书面检验结果进行现场标识,如有不合格材料,应按合同约定填写不合格报告,报主管领导,及时处理,及时退场,办理退场手续。

(7)钢筋进场验收应留有影像资料。

2. 资料验收要求

对进入施工现场的每批钢材必须有生产厂家的质量证明书、合格证。

(1)质量证明书中应包括炉批号、规格、数量,标准中所规定的各项试验结果(包括各项指标)等内容准确。

(2)质量证明书盖章、签字手续齐全;钢材是通过中间供应商购买的,则质量证明书复印件上应注明购买时间、供应数量、买受人名称、质量证明书原件存放单位等内容。

(3)质量证明书复印件上必须加盖中间供应商的红色印章,并有送货人签名、盖章,合格证上内容应齐全清楚,具有材料名称、品种、规格、型号、生产日期、炉批号等内容。

(4)合格证内容和质量证明书内容应该相互对应,质量资料、合格证不符合要求的拒绝验收。

3. 品牌,规格,型号验收

全部符合合同订货清单要求。

4. 数量验收要求

直条钢筋检尺、点数;盘圆,盘螺应现场过磅,核对磅单;无缝管过磅;型钢、管材点数。进场钢筋数量应小于等于质量证明书上数量。

5. 质量验收要求

钢材进入现场，材料员验收后，项目部组织质量员、专业工长、技术负责人等相关人员进行自检，自检内容如下：

(1) 钢筋的质量验收。

①尺寸测量：包括直径、肋高、圆度、直条钢筋的长度、弯曲度等指标应符合标准规定。

②表面质量：不得有裂纹、结疤、折叠、凸块或凹陷、锈蚀。

(2) 钢筋的复试。

①钢筋复试必须在有合法检验资质的单位进行。

②取样规则，数量及试验方法必须按标准规定。如果有某一项试验结果不符合标准要求，则在同一批中再取双倍数量的试样进行该不合格项目的试验，复检结果（包括该项试验所要求的任一指标）即使有一个指标不合格，则该批钢筋判定不合格。

③在待检期内，钢材不得使用（更不能紧急放行），如有使用出现质量问题，谁让使用谁承担相应责任。

④进口钢材还必须做化学成分性能分析，各项技术资料有中文翻译。

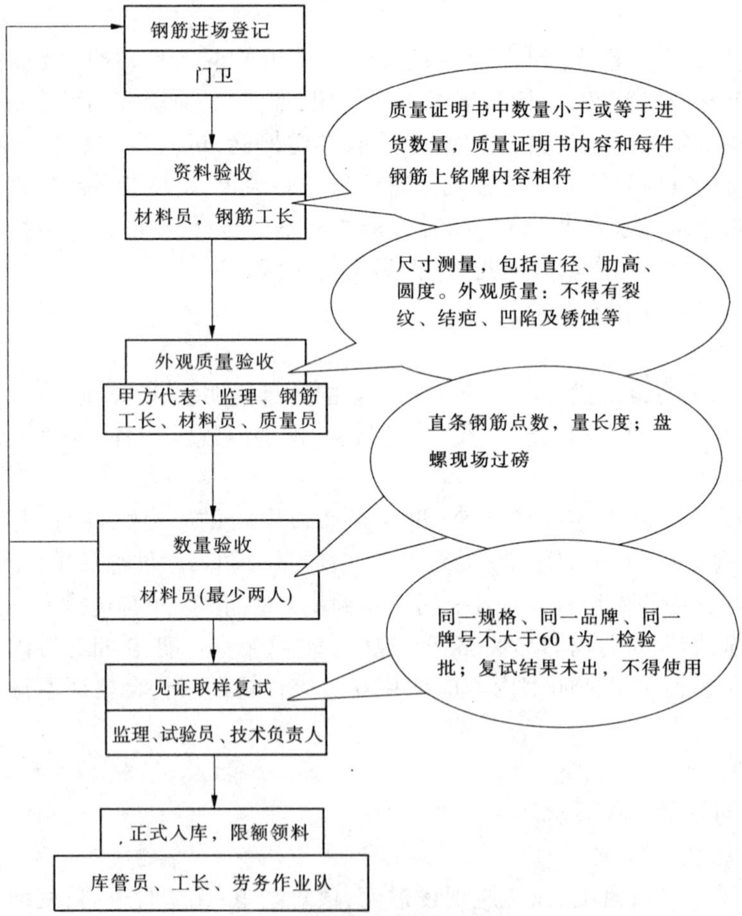

钢筋进场验收流程图

(3)焊接钢管的质量验收。

①焊接钢管表面无锈蚀,钢管无压扁,内外壁表面光洁,无毛刺、裂纹,无变形缺陷,壁厚均匀。

②焊缝无表面裂纹,未焊透,未熔合,无气孔,焊缝表面光滑。

③用游标卡尺测量钢管的直径和壁厚,直径和壁厚误差需在国标范围内,壁厚误差一般不应超过 ±10%。

(4)镀锌钢管的质量验收。

①镀锌钢管表面无锈蚀,钢管无压扁,内外壁表面光洁,无毛刺、裂纹,无变形缺陷。

②焊缝无表面裂纹,未焊透,未熔合,无气孔,焊缝表面光滑。

③用游标卡尺测量钢管的直径和壁厚,直径和壁厚误差需在国标范围内,壁厚误差一般不应超过 ±10%。

(5)无缝钢管的进场质量验收。

①管表面无锈蚀,钢管无压扁,内外壁表面光洁,无毛刺、裂纹,无变形缺陷,表面喷码清晰。

②管内外壁光滑,无焊接缝,如有焊接缝,则肯定为假冒产品。

③用游标卡尺测量钢管的直径和壁厚,壁厚应无误差。

(6)KBG 管的进场质量验收。

①管表面无锈蚀,钢管无压扁,内外壁表面光洁,无毛刺、裂纹,无变形缺陷,表面喷码清晰。

②管内外壁光滑,管口平整光滑。

③用游标卡尺测量 KBG 管的直径和壁厚,壁厚应无误差。

4　钢材的储存及保管

1. 钢材进入施工现场后,应按不同品种规格分别堆放;原材料堆放区、成品堆放区、半成品堆放区应分开设置。

2. 检验合格、不合格、“待检”等不同质量状态的产品分开存放;带 E 钢筋和不带 E 钢筋分开存放。

3. 钢材存放应整齐,型材,直条应一头齐;存放的高度不应超过 2 m;应离开槽、坑、沟边缘以外 1 m,不得在外电线路下方、消防通道、配电设备周围、安全通道堆放。

4. 在条件允许的情况下,钢材应尽可能存放在库房或料棚内,若采用露天存放,选址应考虑吊装安全、方便;应选择地势较高而又平坦的地面,一定在吊装范围内,经平整、夯实或硬化,预设排水沟道,垛底应高出地面 20 cm。

5. 为避免因潮湿环境而引起的钢材表面锈蚀现象,雨雪季节现场钢材要有防雨材料覆盖(清除污物等)。

6. 现场钢筋应标识,标识牌应包括钢材生产企业名称,品种规格,进场日期检验,验证结果等内容,标识应清楚、准确。

3.2　混凝土的一般知识及验收

混凝土的一般知识及验收

1　混凝土的一般知识

1. 混凝土的概念

混凝土是由胶凝材料，水，粗、细集料，必要时掺入一定数量的化学外加剂和矿物混合材料，按适当的比例配置，经均匀搅拌，密实成型和养护，硬化而成的人造石材。

2. 混凝土的分类

按所用的胶凝材料可分为水泥混凝土、沥青混凝土、水玻璃混凝土、聚合物混凝土、聚合物水泥混凝土、石膏混凝土和硅酸盐混凝土等几种。

按表观密度的大小可分为重混凝土、普通混凝土、轻混凝土三类。重混凝土是表观密度大于 2 600 kg/m^3，采用重集料和水泥配置而成，主要用于防辐射工程，又称为防辐射混凝土。普通混凝土，其表观密度为 2 000 ~ 2 600 kg/m^3，一般在 2 400 kg/m^{3}左右，广泛用于工业与民用建筑、道路和桥梁、海工与大坝、军事工程等工程，主要用作承重结构材料。轻混凝土，其表观密度小于 2 000 kg/m^3，包括轻集料混凝土、大孔混凝土和多孔混凝土，可用作承重结构、保温结构和承重兼保温结构。

按用途可分为结构混凝土、防水混凝土、防辐射混凝土、耐酸混凝土、装饰混凝土、耐热混凝土、大体积混凝土、膨胀混凝土、道路混凝土和水下不分散混凝土等多种。

按掺合料可分为粉煤灰混凝土、硅灰混凝土、碱矿渣混凝土和纤维混凝土等多种。

3. 普通混凝土的技术性能

(1) 强度。

混凝土的强度有抗压强度、轴心抗压强度、抗拉强度等指标。

普通混凝土按其立方体抗压强度标准值划分为十四个等级，即：C15、C20、C25、C30、C35、C40、C45、C50、C55、C60、C65、C70、C75、C80。混凝土立方体抗压强度标准值是指按照标准方法制作养护的边长为 150 mm 的立方体试件，在 28 d 龄期用标准试验方法测得的具有 95% 保证率的抗压强度值。

(2) 和易性。

和易性是指混凝土拌和物易于施工操作（搅拌，运输，浇灌，捣实）并能获得质量均匀，成型密实的混凝土的性能。和易性是一项综合的技术性质，又称工作性，包括流动性、黏聚性和保水性三方面的含义。

流动性：是指新拌混凝土在自重或机械振捣作用下，能产生流动，并均匀密实地填充到模板的各个角落的性能。

黏聚性：是指新拌混凝土在施工过程中其组成材料之间有一定的黏聚力，使得混凝土不致发生分层和离析的性能。

保水性：新拌混凝土在施工过程中，保持水分不易析出的能力。

工地上常用坍落度试验来测定混凝土拌和物的坍落度,作为流动性指标。普通商品混凝土的坍落度为80~180 mm。对坍落度值小于10 mm的干性混凝土,用维勃稠度试验测定稠度作为流动性指标。

(3)耐久性。

混凝土的耐久性是指混凝土抵抗环境介质作用并长期保持其良好的使用性能和外观完整性的能力,包括抗渗、抗冻、抗腐蚀、碳化、碱骨料反应及混凝土中的钢筋腐蚀等性能。

4. 混凝土的组成材料

(1)水泥。

配制普通混凝土的水泥,可采用六大常用水泥,必要时也可采用快硬硅酸盐水泥或其他品种水泥。水泥品种的选用应根据混凝土工程特点、所处环境条件及设计施工的要求进行。水泥等级的选择应与混凝土的设计强度等级相适应。经验证,一般以水泥强度等级为混凝土强度等级的1.5~2.0倍为宜。

(2)细集料。

粒径在0.15~4.75 mm之间的集料为细集料(砂)。一般采用天然砂,它是岩石风化后所形成的大小不等、由不同矿物散粒组成的混合物,一般有河砂、海砂及山砂。细集料的颗粒形状及表面特征会影响其与水泥的黏结及混凝土拌和物的流动性。山砂的颗粒多具有棱角,表面粗糙,与水泥黏结较好,用它拌制的混凝土强度较高,但拌和物的流动性较差;河砂、海砂,其颗粒多呈圆形,表面光滑,与水泥的黏结较差,用来拌制混凝土,混凝土的强度则较低,但拌和物的流动性较好。

(3)粗集料。

普通混凝土常用的粗集料有碎石和卵石。由天然岩石或卵石经破碎、筛分而得的,粒径大于5 mm的岩石颗粒,称为碎石或碎卵石。岩石由于自然条件作用而形成的,粒径大于5 mm的颗粒,称为卵石。在钢筋混凝土结构工程中,粗集料的最大粒径不得超过结构截面最小尺寸的1/4,同时不得大于钢筋间最小净距的3/4。对于混凝土实心板,可允许采用最大粒径达1/3板厚的集料,但最大粒径不得超过40 mm。对于采用泵送的混凝土,碎石的最大粒径应不大于输送管径的1/2.5。

(4)混凝土拌和及养护用水。

混凝土拌和用水按水源可分为饮用水、地表水、地下水、海水以及经适当处理或处置后的工业废水。对混凝土拌和及养护用水的质量要求是:不得影响混凝土的和易性及凝结;不得有损于混凝土强度发展;不得降低混凝土的耐久性、加快钢筋腐蚀及导致预应力钢筋脆断;不得污染混凝土表面。海水中含有硫酸盐、镁盐和氯化物,对水泥石有侵蚀作用,对钢筋也会造成锈蚀,因此不得用于拌制钢筋混凝土和预应力混凝土。

(5)外加剂。

混凝土外加剂是在混凝土拌制过程中掺入的,用以改善混凝土拌和物的和易性,提高混凝土物理力学性能和耐久性的物质,其掺量一般不大于水泥质量的5%(特殊情况除外)。目前,外加剂在混凝土中的应用已经非常普遍,被称为混凝土第五组分。改善混凝土拌和物流变性能的外加剂有减水剂、引气剂和泵送剂等;调节混凝土凝结时间和硬化性能的外加剂有缓凝剂、早强剂和速凝剂等;改善混凝土耐久性的外加剂有引气剂、防水剂、防冻剂和阻锈剂等；改善混凝土其他性能的外加剂有加气剂、膨胀剂、防冻剂、着色剂、泵送剂等。

(6)掺合料。

混凝土掺合料是在拌制混凝土的过程中加入的，用以改善混凝土性能、调节混凝土强度等级和节约水泥用量的人工或天然的矿物材料，掺量一般大于5%。掺合料主要有：粉煤灰、硅灰、磨细粒化高炉矿渣粉、烧黏土、天然火山灰质材料以及其他工业废渣。粉煤灰和磨细粒化高炉矿渣粉是目前用量最大，使用范围最广的掺合料。

2　混凝土执行标准

(1)《预拌混凝土》(GB/T 14092—2003)。

(2)《混凝土用水标准》(JGJ 63—2006)。

3　商混进场验收

1. 资料验收

商品混凝土进入现场，材料员应查验混凝土合格证书及配套的水泥、砂子、石子、外加剂等掺合料原材料复试报告和合格证、混凝土配合比单、混凝土强度报告等相关的技术资料，材料员查验预拌混凝土的《预拌混凝土发货单》、出厂时间，记录搅拌运输车的进场时间。

2. 数量验收

商混数量验收一般采取的验收方法——过磅称重。对进场罐车卸料前后的重量差进行随机抽查过磅，按混凝土容重2 350 ~ 2 450 kg/m^3(随着标号的增大，容重增大)换算成体积与发货单上体积对比，或把发货单上体积按容重换算成重量。差额 ±2% 为正常误差范围。

3. 质量验收

(1)应测定每车预拌混凝土的和易性。最主要是坍落度检测，方法如下：润湿坍落度筒和底板，在坍落度筒内壁和底板上应无明水。底板应放在坚实的水平面上，并把筒放在底板中心，然后用脚踩住两边的踏脚板，坍落度筒在装料时应保持固定的位置。将拌制的混凝土试样分三层均匀地装入筒内，使捣实后每层高度为筒高的1/3左右，每层用捣棒插捣25次，插捣应沿螺旋方向由外向中心进行，每次插捣应在截面上均匀分布，插捣筒边混凝土时，捣棒可以稍微倾斜，插捣底层时，捣棒应贯穿整个深度，插捣第二层和顶层时，捣棒应插透本层，至下一层的表面；浇灌顶层时，混凝土应灌注高出筒口。插捣过程中，如混凝土沉降到低于筒口，则应随时添加，顶层捣完后，刮去多余的混凝土，并用抹刀抹平，清除筒边底板上的混凝土后，垂直平稳地拔起坍落度筒，坍落度筒的提离过程应在5 ~ 10 s内完成；从开始装料到提坍落度筒的整个过程应不断地进行，并应在150 s内完成，提起坍落度筒后，测量筒高与坍落后混凝土试体最高点之间的高度差，即为该混凝土拌和物的坍落度值。

(2)对坍落度值小于10 mm的干性混凝土，将维勃稠度试验测定稠度作为流动性指标。维勃稠度的测试方法是将混凝土拌和物按一定方法装入坍落度筒内，按一定方法捣实,装满刮平后,将坍落度筒垂直向上提起,把透明圆盘转到混凝土截头圆锥体顶面,开启振动台,同时计时,记录当圆盘底面布满水泥浆时所用时间,超过所读秒数即为该混凝土拌和物的维勃稠度值。

(3)测定坍落度的同时,可用目测方法评定拌和物某些性质,并记录备查。

4. 见证取样复试

在监理工程师的见证下现场取样,制作标养试块,同条件养护试块。

3.3　砂石的一般知识及进场验收和保管

砂石的一般知识及进场验收和保管

1　细集料(砂)

粒径在 0. 15 ~4. 75 mm 之间的集料为细集料(砂)。一般采用天然砂,它是岩石风化后所形成的大小不等、由不同矿物散粒组成的混合物,一般有河砂、海砂及山砂。

(1)有害杂质:砂子要求清洁,不含杂质,而砂中常含有一些有害杂质,如云母、黏土、淤泥、粉砂等,黏附在砂的表面,有些杂质如泥土、贝壳和杂物可在使用前经过冲洗、过筛处理将其清除。

(2)颗粒形状及表面特征:细集料的颗粒形状及表面特征会影响其与水泥的黏结及混凝土拌和物的流动性。山砂的颗粒多具有棱角,表面粗糙,与水泥黏结较好,用它拌制的混凝土强度较高,但拌和物的流动性较差;河砂、海砂,其颗粒多呈圆形,表面光滑,与水泥的黏结较差,用来拌制混凝土,混凝土的强度则较低,但拌和物的流动性较好。

(3)砂的颗粒级配及粗细程度:是指不同粒径的砂粒混合在一起后的总体的粗细程度,通常有粗砂、中砂与细砂之分。在相同质量条件下,细砂的总表面积较大,而粗砂的总表面积较小,一般建筑工地上都选用中砂。

2　粗集料(石子)

普通混凝土常用的粗集料有碎石和卵石。由天然岩石或卵石经破碎、筛分而得的,粒径大于 5 mm 的岩石颗粒,称为碎石或碎卵石。岩石由于自然条件作用而形成的,粒径大于 5 mm 的颗粒,称为卵石。

配制混凝土的粗集料的质量要求有以下几个方面:

(1)有害杂质:粗集料中常含有一些有害杂质,如黏土、淤泥、细屑、硫酸盐、硫化物和有机杂质。重要工程的混凝土所使用的碎石或卵石应进行碱活性检验,另外,粗集料中严禁混入煅烧过的白云石块或石灰石块。

(2)颗粒形状及表面特征:粗集料的颗粒形状及表面特征同样会影响其与水泥的黏结及混凝土拌和物的流动性。碎石具有棱角,表面粗糙,与水泥黏结较好,而卵石多为圆形,表面光滑,与水泥的黏结较差,在水泥用量和水用量相同的情况下,碎石拌制的混凝土流动性较差,但强度较高,而卵石拌制的混凝土则流动性较好,但强度较低。如要求流动性相同,用卵石时用水量可少些,结果强度不一定低。另外,粗集料中针、片状颗粒过多,会使混凝土的和易性变差,强度降低,故粗集料中的针、片状颗粒含量应符合有关标准的规定。

(3)最大粒径及颗粒级配:最大粒径:粗集料中公称粒级的上限称为该粒级的最大粒径,当集料粒径增大时,其比表面积随之减小。因此,保证一定厚度润滑层所需的水泥浆或砂浆的数量也相应减少,所以粗集料的最大粒径应在条件许可下,尽量选用得大些。在钢筋混凝土结构工程中,粗集料的最大粒径不得超过结构截面最小尺寸的1/4,同时不得大于钢筋间最小净距的3/4。对于混凝土实心板,可允许采用最大粒径达1/3板厚的集料,但最大粒径不得超过40 mm。对于采用泵送的混凝土,碎石的最大粒径应不大于输送管径的1/2.5。颗粒级配:石子级配好坏对节约水泥和保证混凝土具有良好的和易性有很大关系。普通混凝土用碎石或卵石的颗粒级配情况有连续级和单粒级两种。其中,单粒级的集料一般用于组合成具有要求级配的连续粒级,它也可以与连续级的碎石或卵石混合使用,以改善其级配。如资源受限必须使用单粒级集料时,则应采取措施避免混凝土发生离析。

(4)强度:为保证混凝土的强度要求,粗集料必须质地致密、具有足够的强度。碎石或卵石的强度可用岩石立方体强度和压碎指标两种方法表示。当混凝土强度等级为C60及以上时,应进行岩石抗压强度检验。用于制作粗集料的岩石的抗压强度与混凝土强度等级之比不应小于1.5。

3　砂石的执行标准

质量必须符合JGJ 52—2006标准要求,沙石含泥量、粒径必须(以实验室检测为依据)符合现场检验要求。

4　砂石的进场验收

1. 砂石数量验收

(1)数量验收条件不同而采取不同方法,量方验收一般采取按车验收放量,以抽取单车最少量为结算依据。

(2)有条件可把砂石料堆成梯形平整后验收。

2. 砂、石质量验收

(1)砂含泥量及外观检查,如砂子颜色发土灰黑,手感发黏,抓一把能粘成团,手放开后砂团散开,发现有粘连小块,用手指捻开小块,指上留有明显泥污的表示含泥量过高。

(2)石子的含泥量,用手握石子摩擦后无尘土粘于手上表示合格。

(3)石子验收时注意鉴别有无风化砂石、石灰石混入,如发现,应退场,不得使用。

5　砂石料的储存与保管

(1)一般应集中堆放在混凝土搅拌机和砂浆机旁,不宜过远堆放。

(2)砂、石注意杂物混入,如发现,应及时清理。

(3)砂、石存放场地应砌筑不低于0.5 m的围墙,应有防扬尘措施。

3.4　预拌砂浆的一般知识及验收

预拌砂浆的一般知识及验收

1　预拌砂浆的概念及分类

预拌砂浆是指由专业化厂家生产，由水泥、砂以及所需的外加剂和掺合料等成分，按一定比例，经集中计量拌制后，通过专用设备运输、使用的拌和物。预拌砂浆包括预拌干混砂浆和预拌湿砂浆。预拌干混砂浆是将精选的细集料经筛分烘干处理后与无机胶凝材料和各种有机高分子外加剂按一定比例混合而成的颗粒状或粉状混合物，以袋装和散装方式送到工地，施工时按照规定的比例加水搅拌均匀后使用。预拌湿砂浆是已经掺入规定比例水的预拌砂浆，到施工现场需尽快使用，不能长时间储存。国家推广使用散装预拌干混砂浆。散装干混砂浆运输使用方式与散装水泥类似。

预拌砂浆的强度等级分为 M5、M7.5、M10、M15、M20、M25、M30 等。

预拌砂浆按用途又可分为砌筑砂浆、抹灰砂浆、地面砂浆、防水砂浆等。

干混砂浆按照性能又分为普通和特种两种，普通干混砂浆主要是用于地面、抹灰和砌筑工程用的干混砂浆，特种干混砂浆有装饰砂浆、地面耐磨砂浆、地面自流平砂浆、瓷砖黏结砂浆、抹面抗裂砂浆和修补砂浆等。

2　预拌砂浆进场验收

1. 资料验收

预拌砂浆进场必须提交产品合格证。对于干拌砂浆，尚须提交型式检验报告及该批产品的出厂检验报告；对于湿拌砂浆，尚须提交该批产品的出厂检验报告。

2. 数量验收

袋装干混砂浆每袋净含量不得小于标志质量的 99%。随机抽取 20 袋，其总质量不得小于标志质量总和。散装干混砂浆采取过磅称重的方法确定其质量数。预拌湿砂浆以方量计量数量，数量验收同商混。

3. 干拌砂浆用的包装袋（或散装罐相应的卡片）上应有清晰标志，显示产品的以下内容：

(1)产品名称；

(2)产品标记；

(3)生产厂名称和地址；

(4)生产日期；

(5)生产批次号；

(6)加水量要求；

(7)加水搅拌时间；

(8)内装材料重量；

(9)产品储存期。

4. 袋装干拌砂浆在运送到工地时应无破包、受潮。破包判定根据 GB 9774 中规定裂口处大于 50 mm 或几处裂口合计大于 80 mm,或袋口外翻,均为破包。如包装袋有明显水迹,并在袋里的干拌料可发现有结块的情况,可被认定为已受潮。已破包或已受潮的材料可被退回。

5. 对性能进行交货检验,不合格的产品不得用于施工工地。在使用中,对干拌料有怀疑或出厂期超过有效期时,应进行复验。

6. 取样

干混砂浆:交货时需方应在同批干混砂浆中随机抽取试样,试样不应少于实验用量的 4 倍,供需双方共同签封后,由需方保存三个月。

预拌湿砂浆:检验的砂浆试样应在交货地点随机抽取。当从运输车中取样时,应在卸料过程中卸料量约 1/4 至 3/4 之间抽取,且应从同一运输车中采取。交货检验的预拌湿砂浆试样应在砂浆运送到交货地点后按 JGJ 70 的规定在 20 min 内完成,稠度测试和强度试块的制作应在 30 min 内完成。试样不应少于实验用量的 4 倍。

3 存储

1. 干拌砂浆进场后,应按不同种类、强度等级、批号分开存放,先到先用。

2. 袋装干拌砂浆在施工现场储存应采取防雨、防潮措施,并按不同品种、编号分别堆放,严禁混堆混用。

3. 散装干拌砂浆在施工现场储存应采取防雨、防潮措施,筒仓应有明显标记,严禁混存混用。

干拌砂浆自生产日起,储存超过说明书规定的有效日期,应经复检合格后才能使用。

3.5 水泥的一般知识及验收和保管

水泥的一般知识及验收和保管

1 水泥的一般知识

(1)水泥为无机水硬性胶凝材料,水泥按水硬性物质可分为硅酸盐水泥、硫酸盐水泥等品种;水泥按其用途及性能可分为通用水泥、专用水泥及特性水泥等。建筑工程常用的水泥为通用硅酸盐水泥。

(2)通用硅酸盐水泥,是以硅酸盐水泥熟料和适量的石膏及规定的混合材料制成的水硬性胶凝材料。通用硅酸盐水泥按混合料的品种和掺量,可分为硅酸盐水泥、普通硅酸盐水泥、矿渣硅酸盐水泥、火山灰质硅酸盐水泥、粉煤灰硅酸盐水泥及复合硅酸盐水泥等 6 种。

(3)水泥的技术指标包括凝结时间、体积安定性、强度等;凝结时间分为初凝时间、终凝时间,六大常用水泥的初凝时间不得短于 45 min,硅酸盐水泥的终凝时间不得长于 6.5 h,其他五类常用水泥的终凝时间不得长于 10 h。

通用硅酸盐水泥的代号和强度等级

水泥名称	代号	强度等级	备注
硅酸盐水泥	P. I、P. Ⅱ	42.5、52.5、62.5	若各强度等级后带 R 表示早强型水泥，各种水泥制品只有达到 28 d 龄期后才能达到水泥强度要求
普通硅酸盐水泥	P. O	42.5、52.5	
矿渣硅酸盐水泥	P. S. A、P. S. B	32.5 42.5 52.5	
火山灰质硅酸盐水泥	P. P		
粉煤灰硅酸盐水泥	P. F		
复合硅酸盐水泥	P. C		

(4)水泥可以散装或袋装，袋装水泥每袋净含量 50 kg，不应少于标志质量的 99%，随机抽取 20 袋水泥总量不得少于 1 000 kg。

(5)水泥包装袋上应清楚标明：执行标准、水泥品种、代号、强度等级、生产者名称、生产许可证标志及编号、出厂编号、包装日期、净含量。包装袋两侧应根据水泥品种采用不同的颜色印刷水泥名称和强度等级：硅酸盐水泥和普通硅酸盐水泥采用红色，粉煤灰硅酸盐水泥和复合硅酸盐水泥采用蓝色或黑色。

普通硅酸盐水泥

复合硅酸盐水泥

2　水泥的标准

通用硅酸盐水泥标准依据 GB 175—2007。

3　水泥的验收

1. 水泥现场的验收流程

(1)材料员按合同及材料计划通知供货方送货。

(2)货到现场门卫登记该批到货水泥的型号、数量及到货时间、车牌号，送货单位及送货人。

(3)材料员核对当批水泥型号、数量与合同约定的规格型号、数量、质量资料是否相符、齐全，通知瓦工商混凝土工长，质量员、技术负责人进行质量验收，并通知试验员进行复检，复检期应标明待检状态。

(4)试验员接到材料员到货通知，应及时对该批水泥进行复检，并将复检结果及时通知材料员。

袋装水泥的存放

(5)材料员接到试验员书面检验结果后，应及时标识检验结果，如不合格，应及时通知供货单位及时退场。

(6)试验员应在合同约定时间内完成或检验，如拖延超期导致检验过期，将追究当事人责任。

2. 水泥质量验收

(1)品牌、规格、型号验收：全部符合合同订货清单要求。

(2)核对水泥的质量保证书、合格证上水泥的品种，强度、安定性、级别，包装或散装包号，出厂日期，与水泥袋上的标志是否一致，不一致的，应分开码放，待进一步查清。

(3)为保证工程质量，按水泥报告批号，向厂方验证，防止贴牌水泥现象。

(4)检查水泥出厂日期是否超过规定时间，超过的，要另行处理，遇有两个单位同时到货的，应详细验收。分开码放，防止品种不同而混杂使用。

(5)现场材料员应填写到货记录并通知试验员按规范要求对水泥强度、安定性及其他性能指标进行复检。

(6)在待检期内，水泥不得使用(更不能紧急放行)，如有使用出现质量问题，谁让使用谁承担相应责任。

(7)弄清水泥性能及用途，防止非建筑用水泥进场，防止水泥混用。

3. 水泥数量验收

(1)袋装水泥在卸车后堆码整齐，逐一清点，防止在码放过程中空码。同时同包装水泥实行抽检，以防每袋数量不足，同一出厂编号的水泥为一验收批，但验收批的总量不得超过 200 t，随机不少于 20 袋过磅称重，破袋的要灌袋计数并过磅。防止数量不足而影响混凝土和砂浆的强度，产生质量事故。

(2)散装水泥随机从不少于 3 个罐车中抽取试样。

4　水泥的储存与保管

(1)水泥应入库保管，水泥库房应设在地势较高处。库内墙面及四周铺防水材料，仓库地坪要高出地面 30 cm，四周离墙面 30 cm。

(2)袋装码垛时一般码放 10 袋，最高不超过 15 袋。

(3)不同品种强度等级和不同时间的，要分开码放并标识清楚。

(4)特殊情况下，水泥需在露天临时存放时，必须有足够的遮垫措施，做到防水、防雨、防潮。

(5)水泥的储存时间不能太长，出厂超过 3 个月的水泥(快硬硅酸盐水泥超过一个月)应进行复检，并按复检结果使用或降低标号使用。

(6)水泥的储存要按到货先后，依次存放，要做到先存先用。

3.6　方木的一般知识及验收和保管方法

方木的一般知识及验收和保管方法

1　方木的一般知识

木材制品按树木种类分为针叶树和阔叶树两大类。针叶树树种包括松树、杉树、柏树，此类树树干通直，易得大材，强度较高，因其木质较软，易于加工，常称为软木材，为建筑工程中主要的木材品种。就目前市场情况而言，用于方木加工的主要有美国花旗松、铁杉松、白松、新西兰辐射松、樟子松。从多年的使用情况看，适宜于工程使用，较好的如铁杉松、花旗松、白松等。而樟子松、新西兰辐射松因材质松软、吸水率高、易变形而不适宜工程使用。

常见方木规格有厚度 × 宽度 × 长度：45 mm × 65 mm × 4 000 mm、45 mm × 75 mm × 4 000 mm、50 mm × 80 mm × 4 000 mm、50 mm × 90 mm × 4 000 mm、50 mm × 100 mm × 4 000 mm、40 mm × 80 mm × 4 000 mm。

1. 美国花旗松的性能及鉴别方法

(1)性能：生长时间长，本质坚，含水率低，不易变形，其较高的比重可提供良好的握钉力和固定力。

(2)鉴别方法：心材与边材各具备不同颜色，边材黄白色至浅黄褐色，心材红褐色至橘红色，纹理清晰，树节少，易辨认。

2. 铁杉松的性能及鉴别方法

(1)性能：①生长时间长，木质坚，纹理密实，含水率低、耐磨，不易变形，木质硬而质地细密。②铁杉松干燥后的木材尺寸稳定，具有极佳的耐磨性，有良好的加工性能。对钉子和螺丝有绝佳的咬合力。

(2)鉴别方法：心材与边材没有什么区别，两者的过渡细微难分，木材从乳白色到浅黄色，并非常均匀，木质硬而质地细密，纹理直且均匀密实，年轮清晰。

3. 白松的性能及鉴别方法

(1)性能:属软松类,材质较软,富有弹性,生长时间长,结构细致均匀,干燥性好,耐水,耐腐,纹理较粗。

(2)鉴别方法:白松颜色是白色或乳黄色,木纹须直,纹理较细,辨别方法主要以树皮(树皮为鱼鳞状)为准,成材辨别主要根据结构、色泽、年轮、树节,以纹理而定。

4. 新西兰辐射松的性能及鉴别方法

(1)性能:生长时间短,木质松软,纹理粗,含水率高,韧性差,易断裂、变形,不适合建筑用材。

(2)鉴别方法:新西兰辐射松是一种速生松,高产和多用途的树种,密度小,油性差,纹理较宽大,成材颜色较均匀,吸水率高,风吹日晒易变形。

5. 樟子松的性能及鉴别方法

(1)性能:生长时间长,木质硬度、密度适中,细密,油性大,活性较大,易变色,韧性差,耐磨性差,易裂。

(2)鉴别方法:樟子松心材淡红褐色,边材色淡,黄褐色。明显缺点是节疤大,木质较细,木质较软,比较容易中空。

2　验收标准

质量要求技术标准应符合 GB/T 144—2003。

3　验收方法

(1)材种、规格、数量验收:全部符合合同及订货清单要求。

(2)尺寸验收:方木的长度、宽度、厚度应不小于合同规定。

(3)外观验收:方木不能有腐朽、弯曲、斜纹、钝角、断裂等情况。边皮料不大于 10%,单根边皮长度不能大于 50 mm,截面应为五边形,不能出现三角形。边皮料厚度不小于方木厚度的 1/2。

4　木材的储存与保管

(1)木材应按材种和规格等级不同码放,要便于取用和保持通风;方木应选择地势高而且干燥的地方存放。

(2)板材、方木的垛顶部要遮盖,底部应支垫 20 cm,防止水侵腐朽,以防日晒雨淋变形、霉变。

(3)经过烘干处理的木材,应放进仓库。

(4)木材、板材堆垛面积不大于 300 m^2,垛与垛之间留 4 m 的消防通道;易燃、可燃材料应尽量远离在建工程和生活办公区,远离火源,并配备足够数量的灭火器材。

(5)旧方木及时拼接,拼接用专业胶或酚醛胶;方木拼接由专业拼接队伍作业,按施工方案需要尺寸拼接。

(6)方木堆放高度一般不应超过 2 m。

3.7　木模板的一般知识、验收及保管办法

木模板的一般知识、验收及保管办法

1　木模板的一般知识

人造木板材包括胶合板、纤维板、刨花板、细木工板等。胶合板按材质分为竹胶合板、木胶合板。胶合板、纤维板、刨花板都可以用于制作木模板。

建筑工地上习惯把经过浸泽,并经胶粘膜处理,表面光滑的木模板制为镜面板。

木模板的常见规格为长 × 宽,即 1 830 mm × 915 mm(习惯称小板)和 2 440 mm × 1 220 mm(习惯称大板)两种。从厚度上说,木胶合板厚度在 14 ~ 18 mm,竹胶合板厚度不小于 12 mm,纤维板厚度不小于 12 mm。厚度偏差一般情况下应不超过 ±0.3 mm,长度、宽度偏差不应超过 ±2.0 mm。

实际采购中应要求供应商供应无负误差的板材。

(1)木胶合板。

木胶合板也称层压板,由蒸煮软化的原木旋切成大张薄片,然后将各张木纤维方向相反互相垂直放置,经加压、干燥、表面修整而成的板材。层数一般为 3 ~ 13 层,称三合板、五合板等。

胶合板

纤维板

(2)纤维板。

纤维板又名密度板，是将树皮、刨花、树枝等废料经破碎、浸泡、研磨成木浆为原料，再经加压成型、干燥处理而制成的板材，制造过程中可以施加胶粘剂和(或)添加剂。纤维板具有材质均匀、纵横强度差小、不易开裂等优点。

(3)刨花板。

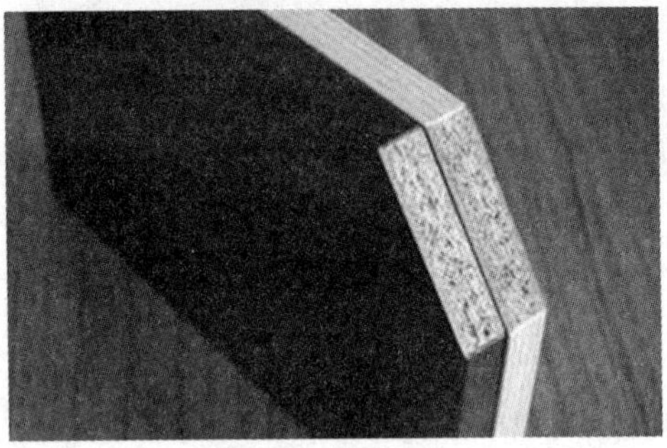

刨花板

刨花板又叫微粒板，由木刨花或其木质纤维素材料制成的碎料，施加胶粘剂后在热力和压力作用下胶合成的人造板。

2 验收标准

(1)GB/T 11718《中密度纤维板》。

(2)GB/T 9846《胶合板》。

(3)GB/T 17656《混凝土模板用胶合板》。

(4)GB/T 4897《刨花板》。

3 木模板的进场验收

1. 规格、品牌、数量验收

全部符合合同及供货清单要求。

2. 外观质量验收

(1)进场产品必须与样品保持一致，重点检测板材的平整度、表面光滑程度、边角的封闭处理情况是否良好，板面不能出现脱膜、离层、翘曲现象。

(2)板材厚度是否合乎合同要求标准，长度、宽度是否标准，与合同标准约定的厚度、长度、宽度不允许有负误差。

3. 抽检数量

分批拨交的板中任意抽取不少于3%(不得少于20张)的板进行逐张检验，超过5%的板材不合格时，该批板应为不合格板，并作退货处理。

4 木模板的保管

(1)在现场保管中应注意防潮、防雨、防晒、防霉变。

(2)现场储存时应离地面20 cm支垫平整，高度不宜超过2 m。

(3)做防火标志,配置消防器材。

(4)板材堆垛面积不大于300 m^2,垛与垛之间留4 m的消防通道。

3.8　常用建筑墙体材料一般知识及验收和保管

常用建筑墙体材料一般知识及验收和保管

1　砌体材料的一般知识

建筑墙体材料包括砌块和砌墙砖两大类。砌块外形多为直角六面体,也有异形的。按砌块有无孔洞或空心率小于25%的砌块,称为实心砌块,空心率大于或等于25%的砌块称为空心砌块。按大小可分为小型砌块、中型砌块和大型砌块。

1.砌块

(1)普通混凝土小型空心砌块。

普通混凝土小型空心砌块(简称混凝土小砌块)是以水泥、砂、石等普通混凝土材料制成的。其空心率为25%～50%,混凝土小型空心砌块适用于建筑地震设计烈度为8度及8度以下各种建筑墙体,包括高层与大跨度的建筑,也可以用于围墙、挡土墙、桥梁和花坛等市政设施,应用范围十分广泛。混凝土小型空心砌块主体规格尺寸为390 mm×190 mm×190 mm,其他规格尺寸可由供需双方协商。按抗压强度分为MU3.5、MU5、MU7.5、MU10、MU15、MU20六个强度等级;按其尺寸偏差和外观质量分为优等品(A)、一等品(B)和合格品(C)三个质量等级。其自重轻,热工性能好,抗震性能好,砌筑方便,墙面平整度好,施工效率高等。不仅可以用于非承重墙,较高强度等级的砌块,也可用于多层建筑的承重墙。可充分利用我国各种丰富的天然轻集料资源和一些工业废渣为原料,对降低砌块生产成本和减少环境污染具有良好的社会和经济效益。混凝土小型空心砌块生产、设计、施工以及质量管理等方面均应注意保证其特殊要求。砌块出厂必须达到规定的出厂强度。

混凝土空心砌块外观及尺寸偏差

项目名称	优等品(A)	一等品(B)	合格品(C)
长度(mm)	±2	±3	±3
宽度(mm)	±2	±3	±3
高度(mm)	±2	±3	-4 ~ +3
弯曲(mm)　不大于	2	2	3
掉角缺棱　不多于	0	2	2

(2)轻集料混凝土小型空心砌块。

轻集料混凝土小型空心砌块是以水泥和轻质集料为主要原料,按一定的配合比拌制成轻集料混凝土拌和物,经砌块成型机成型与适当养护制成的轻质墙体材料。轻质集料根据其来源可以划分为三类:①天然轻集料;②工业废渣轻集料;③人造轻集料。按砌块孔的排数分为五类:实心(0)、单排孔(1)、双排孔(2)、三排孔(3)和四排孔(4)。按砌块密度等级分为八级:500、600、700、800、900、1 000、1 200、1 400。实心砌块的密度等级不应大于800。按砌块强度等级分为六级:1. 5、2. 5、3. 5、5. 5、7. 5、10. 0。按砌块尺寸允许偏差和外观质量,分为两个等级:一等品、合格品。

轻集料混凝土空心砌块外观及尺寸偏差

项目名称	优等品(A)	一等品(B)	合格品(C)
长度(mm)	±2	±3	±3
宽度(mm)	±2	±3	±3
高度(mm)	±2	±3	±3
弯曲(mm)　不大于	2	2	3
掉角缺棱　不多于	0	2	2

(3)粉煤灰混凝土小型空心砌块。

粉煤灰混凝土小型空心砌块所用原料中,粉煤灰和炉渣等工业废料占80%,粉煤灰小型砌块后期强度增长强,一般90 d龄期强度比28 d的要增长80%~100%。粉煤灰小型砌块有较好的韧性,不易脆裂,有良好的保温性能和抗渗现象。按其孔的排数分为单排孔、双排孔、三排孔和四排孔。按用途分为承重砌块(强度等级7.5及以上)和非承重砌块(强度等级7.5以下)。主要规格尺寸为390 mm×190 mm×190 mm。标准将产品分为优等品、一等品和合格品。外观和尺寸偏差同轻集料混凝土空心砌块。

(4)蒸压加气混凝土砌块。

蒸压加气混凝土砌块是在钙质材料(如水泥、石灰)和硅质材料(如砂子、粉煤灰、矿渣)的配料中加入铝粉作加气剂,经加水搅拌、浇筑成型、发气膨胀、预养切割,再经高压蒸汽养护而成的多孔硅酸盐砌块。蒸压加气混凝土砌块的单位体积重量是黏土砖的1/3,保温性能是黏土砖的3~4倍,隔音性能是黏土砖的2倍,抗渗性能是黏土砖的1倍以上,耐火性能是钢筋混凝土的6~8倍。砌块按尺寸偏差与外观质量、干密度,抗压强度和抗冻性分为优等品(A)、合格品(B)两个等级。砌块按强度分为A1.0、A2.0、A2.5、A3.5、A5.0、A7.5、A10七个级别。砌块按干密度分为B03、B04、B05、B06、B07、B08六个级别。蒸压加气混凝土砌块适用于各类建筑地面(±0.000)以上的内外填充墙和地面以下的内填充墙(有特殊要求的墙体除外)。不同干密度和强度等级的加气混凝土砌块不应混砌,也不得与其他砖和砌块混砌。

蒸压加气混凝土砌块常用规格尺寸　（单位：mm）

长度 L	宽度 B	高度 H
600	100、120、125、150、180、200、240、250、300	200、240、250、300

蒸压加气混凝土砌块尺寸偏差和外观要求　（单位：mm）

项目名称	优等品(A)	合格品(C)
长度 L	±3	±4
宽度 B	±1	±2
高度 H	±1	±2
平面弯曲	不允许	不允许
掉角缺棱　不多于	0	2
表面疏松、层裂、油污	不允许	不允许

(5)石膏砌块。

石膏砌块是以天然石膏、磷石膏等为主要原材料与多种无机材料复合而成，具有轻质高强、防火隔热、隔音保温、可锯可刨、破碎率低、便于安装、施工速度快、不受墙高限制、降低劳动强度、减少湿作业等特点。在建筑中做内隔墙可减轻建筑物自重，节约钢材、水泥，增加使用面积，降低工程造价，提高建筑物抗震等级。按其结构特性，可分为石膏实心砌块(S)和石膏空心砌块(K)。按其石膏来源，可分为天然石膏砌块(T)和化学石膏砌块(H)。按其防潮性能，可分为普通石膏砌块(P)和防潮石膏砌块(F)。按成型制造方式，可分为手工石膏砌块和机制石膏砌块。

石膏砌块常用规格尺寸　（单位：mm）

长度 L	厚度 B	高度 H
666	60、80、90、100、110	500

石膏砌块外观质量要求

项目	指标
缺角	同一砌块不得多于 1 处,尺寸不得大于 30 mm×30 mm
板面裂纹	贯穿裂纹不多于 1 条,裂纹长度小于 30 mm,宽度小于 1 mm
油污	不允许
气孔	直径 5～10 mm 的,不多于 2 处;>10 mm 的,不允许

2. 砌墙砖

(1)烧结普通砖。

由黏土、页岩、煤矸石或粉煤灰为主要原料,经过焙烧而成的实心或孔洞率不大于规定值且外形尺寸符合规定的砖,烧结普通砖分烧结黏土砖、烧结页岩砖、烧结煤矸石砖、烧结粉煤灰砖等。通常尺寸为 240 mm×115 mm×53 mm。烧结黏土砖已经禁止使用。标准将产品分为优等品、一等品和合格品。

烧结普通砖尺寸允许偏差及外观质量要求　　(单位:mm)

项目	优等品(A)	一等品(B)	合格品(C)
长度(240)误差	±2	±2.5	±3
宽度(115)误差	±1.5	±2.0	±2.5
高度(53)误差	±1.5	±1.6	±2.0
弯曲、高差、杂质突出高度　不大于	2	3	4
颜色	基本一致	—	—
缺棱掉角　不得同时大于	5	20	30

(2)烧结空心砖。

烧结空心砖是以黏土、页岩、煤矸石、粉煤灰为主要原料,经过焙烧而制成的块体材料。烧结多孔砖为直角六面体,长、宽、高的尺寸有:390 mm、290 mm、240 mm、190 mm、180 mm、140 mm、115 mm、90 mm。质量等级分为优等品、一等品和合格品。烧结空心砖用于非承重部位。

烧结空心砖尺寸允许偏差及外观质量要求　　(单位:mm)

项目	优等品(A)	一等品(B)	合格品(C)
大于 300	±2.5	±3.0	±3.5
200 ~ 300	±2.0	±2.5	±3.0
100 ~ 200	±1.5	±2.0	±2.5
小于 100	±1.5	±1.7	±2.0
弯曲 、高差、杂质突出高度　不大于	3	4	5
缺棱掉角　不得同时大于	15	30	40

(3)烧结多孔砖。

烧结多孔砖以黏土、页岩、煤矸石或粉煤灰为主要原料,经焙烧而成,孔洞率不小于25%,砖内孔洞内径不大于22 mm,简称多孔砖。目前多孔砖分为(240 mm×115 mm×90 mm)砖和(290 mm×190 mm×90 mm)砖。根据抗压强度,烧结多孔砖分为MU30、MU25、MU20、MU15、MU10五个强度等级,主要用于承重部位。

烧结多孔砖尺寸允许偏差及外观质量要求　（单位：mm）

项目	优等品(A)	一等品(B)	合格品(C)
长度(240、290)误差	±2	±2.5	±3
宽度(190、180、175、140、115)误差	±1.5	±2.0	±2.5
高度(90)误差	±1.3	±1.7	±2.0
弯曲 、高差、杂质突出高度　不大于	3	4	5
颜色	一致	基本一致	—
缺棱掉角　不得同时大于	15	20	30

(4)混凝土砖。

以水泥、集料，以及根据需要加入的掺合料、外加剂等，经加水搅拌、成型、养护支撑的混凝土实心砖。主要规格尺寸为：240 mm × 115 mm × 53 mm。抗压强度分为 MU40、MU35、MU30、MU25、MU20、MU15 六个等级。

2　验收标准

(1)《普通混凝土小型　空心砌块》(GB 8239—1997)。

(2)《轻集料混凝土小型空心砌块》(GB/T 15229—2011)。

(3)《粉煤灰小型空心砌块》(JC/T 862—2008)。

(4)《蒸压加气混凝土砌块》(GB/T 11968—2006)。

(5)《烧结普通砖》(GB 5101—2003)。

(6)《烧结多孔砖和多孔砌块》(GB 13544—2011)。

3 砌体材料进场验收

1. 砌体材料现场的验收流程

(1)材料员按合同及材料计划通知供货方送货。

(2)货到现场门卫登记该批到货材料的型号、数量及到货时间、车牌号,送货单位及送货人。

(3)材料员核对当批材料型号、数量与合同约定的规格型号、数量、质量资料是否相符、齐全,通知瓦工混凝土工长、质量员、技术负责人进行质量验收,并通知试验员进行复检,复检期应标明材料待检状态。

(4)试验员接到材料员到货通知,应及时进行复检,并将复检结果及时通知材料员。普通砖 15 万块、多孔砖 5 万块、粉煤灰砖 10 万块、蒸压加气块 1 万块为一检验批。

(5)材料员接到试验员书面检验结果后,应及时标识检验结果,如不合格,应及时通知供货单位及时退场处理。

(6)试验员应在合同约定时间内完成检验,如拖延超期导致检验过期,将追究当事人责任。

2. 砌体材料质量验收

(1)品牌、规格、型号验收:全部符合合同订货清单要求。

(2)核对质量证明资料。

(3)有龄期要求的,看是否达到龄期要求。含水泥的砌体材料由于强度增长及收缩一般在 28 d 后基本完成,因此该类材料要存放 28 d 以上才可砌筑。

(4)外观检查:砌体材料外形尺寸偏差应按产品标准检验,外形尺寸不规则会影响砌筑质量,砌块受力不均匀容易造成开裂。

(5)现场材料员应填写到货记录并通知试验员按规范要求对砌体材料进行复试。

3. 数量验收

点数。

4 存储和保管

(1)砌体材料堆放场地必须平整,并做好排水,地面上宜铺垫一层煤渣屑或石屑。

(2)砌块应按不同规格和等级、密度等级和强度等级、质量等级分批堆放,不得混杂,应分别整齐堆放。

(3)堆垛上应设标志,堆垛间应保留适当通道,并采取防止雨淋措施。

(4)一般堆放高度不应超过 2 m;多孔砖或空砖堆放高度不宜超过 20 皮砖;混凝土空心小型砌块的对叠高度不超过 1.6 m,混凝土空心小开口端应向下放置。

(5)砌体材料应离开槽、坑、沟边缘以外1 m,不得在消防通道、配电设备周围、安全通道、外电线路正下方堆放。

3.9　常用垫块的一般知识

常用垫块的一般知识

混凝土垫块的作用是保证混凝土保护层的厚度。一般来说,混凝土、水泥砂浆、大理石、花岗岩、塑料垫块、刷过防锈漆的钢筋头等都可以作为垫块使用,这些也是使用较多的材料。垫块应具有足够的强度、不易破碎、耐腐蚀。尺寸符合要求;垫块与混凝土结合性能良好,有接近的胀缩性能。与钢筋连接简单,能自锁,不脱落,色泽与混凝土一致或接近,体积尽量小。

(1)水泥砂浆垫块:在与混凝土结合、色泽上比较理想,但垫块一般应不低于混凝土强度等级,水泥砂浆在强度上有缺陷,一般不使用为佳。

(2)花岗岩下脚料:强度较高,取材方便。

(3)刷过防锈漆的钢筋头:它的优点是结合好、体积小,对构件强度几乎不影响。它的缺点是刚度不够,容易使钢筋网下垂,另外防锈效果直接影响构件使用寿命,比较难以监管,不建议使用,特别是在受弯受拉构件上。

(4)细石混凝土垫块:细石混凝土是理想的垫块材料,推荐使用。但应改善以前常用的方形垫块形状,增加自锁功能。如右图所示。

(5)塑料垫块:相对于传统的垫块,塑料垫块具有以下优点:具有标准化、定型化、通用性的特点,质量稳定;可以通过调整不同的摆放角度来调整保护层厚度,降低了人为因素造成的

厚薄不均现象,使用方便;垫块质量轻,体积小,强度高,耐腐蚀;支撑稳定,不容易脱落。但个人对塑料垫块与混凝土的结合性能及抗老化性能有怀疑,如结合性能不好容易引起垫块周边开裂,从而引起内部钢筋腐蚀。

塑料垫块

3.10 常用门窗的一般知识、进场验收和保管

常用门窗的一般知识、进场验收和保管

1 门窗的一般知识

按组成材料不同,门窗分为木门窗、铝合金门窗、塑钢门窗等。按开启方式不同,门窗分平开门窗、推拉门窗两类。平开门窗具有密封性好的特点,推拉门窗具有占用空间少的特点。按功能不同,门又可分为保温门、隔音门、防火门、防盗门等。防火门按耐火极限可分为甲、乙、丙三级防火门(甲级耐火等级为1.2 h,乙级耐火等级为0.9 h,丙级耐火等级为0.6 h)。

铝合金门窗,是指采用铝合金挤压型材为框、梃、扇料制作的门窗,简称铝门窗。

塑钢门窗是以聚氯乙烯(UPVC)树脂为主要原料,加上一定比例的稳定剂、着色剂、填充剂、紫外线吸收剂等,经挤出成型材,然后通过切割、焊接或螺接的方式制成门窗框扇,配装上密封胶条、毛条、五金件等,同时为增强型材的刚性,超过一定长度的型材空腔内需要填加钢衬(加强筋),这样制成的门户窗,称之为塑钢门窗。此塑钢门窗具有良好的密封,抗腐蚀、保温隔热及隔音等性能,应用日益广泛。

2 执行标准

(1)《木门窗》(JG/T 122—2000)。

(2)《铝合金门》(GB/T 8478—2008)和《铝合金窗》(GB/T 8479—2008)。

(3)《门窗用未增塑 PVC - U 型材标准》(GB/T 8814—2004)。

3 门窗的进场验收

1. 木门窗

(1)资料验收:材料的产品合格证书,性能检测报告(包括木材、玻璃、密封胶、配

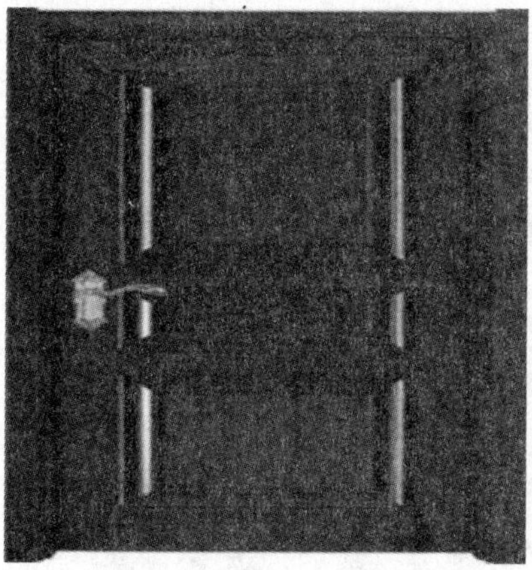

件等）。

（2）型号、规格、尺寸、数量应符合设计及合同要求。

（3）外观质量验收：

①门窗洞口尺寸、开启方向符合合同（委托）加工尺寸要求，门窗表面不应有影响外观的质量缺陷。

②门窗的割角、拼缝应严密、平整，门窗框扇裁口应顺直，刨平应平整；门窗无窜角、翘扭、弯曲、劈裂等。

③人造木板的甲醇含量是否符合设计要求。

④木门窗配件玻璃、密封胶的型号、规格、数量应符合设计要求。

2. 铝合金门窗

铝合金门窗可分为平开窗、推开窗、上悬窗、欧式对开窗，平开门、折叠门、隔断门、地弹簧门等。

铝合金平开窗样品图

彩色铝合金窗样品图

（1）资料验收：材料的产品合格证书，性能检测报告。

（2）品牌、品种、材质、数量、尺寸符合设计要求；配件品牌、型号、规格、数量应符合设计要求。

（3）外观质量验收：

欧式铝合金样品窗

彩色铝合金折叠门样品图

铝合金平开门样品图

①门窗(原材料)表面不应有明显的擦伤、划伤、碰伤等缺陷;不应有铝屑、毛刺、油斑或其他污迹。

②门窗相邻杆件着色表面不应有明显的色差。

③厚度应符合设计要求。

3. 塑钢门窗

塑钢门窗的分类:

按开启方式分为:固定窗、上悬窗、中悬窗、下悬窗、立转窗、平开门窗、滑轮平开窗、推拉平开窗、折叠门、地弹门、提开推拉门、推拉折叠门等。

按性能分为:普通型门窗、隔音型门窗、保温型门窗。

(1)资料验收:原材料的产品合格证书,性能检测报告。钢门窗的抗风压、空气渗透、雨水渗透三项基本物理性能应符合国家现行标准,并应有该项的质量检测报告。

塑钢折叠门样品图

塑钢窗样品图

塑钢地弹门样品图

推拉窗样品图

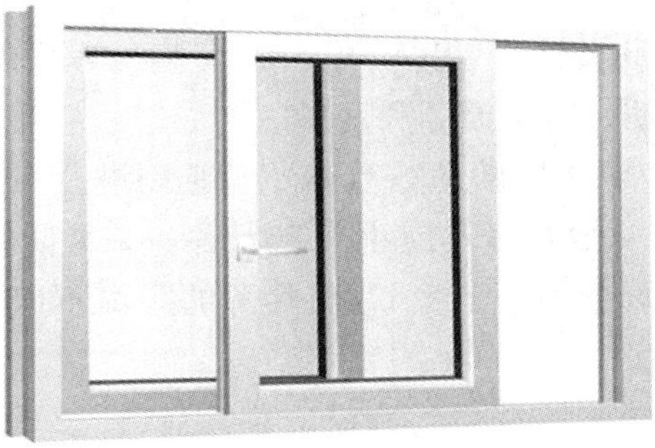

塑钢窗样品

(2)品牌、品种、规格、型号、材质、数量验收:符合设计要求;配件(五金件、紧固件、增强型钢及金属护板)品牌、型号、规格、数量应符合设计要求,合同及订货清单要求。

(3)外观质量验收:

①门窗尺寸应符合合同约定(委托)加工尺寸要求,厚度、色度、平整度、光泽度是否符合合同约定设计要求及国家现行标准要求。

②门窗表面应洁净、平整、光滑,大面无划痕碰伤,型材无开焊断裂。

③五金配件应齐全，品牌、型号、规格应符合国家现行标准。

④密封胶应符合设计要求及国家现行标准，密封条与玻璃及槽口接角等应紧密平整，不露框外，不得卷边脱槽。

⑤门窗关闭时，扇与框间无明显缝隙，密封面上的密封条处于压缩状态。

⑥安装好的玻璃应平整牢固，不得直接接触型材，型材不应有松动现象，内外表面应洁净。

⑦门窗尺寸应符合合同约定（委托）加工尺寸要求，厚度、色度、平整度、光泽度是否符合合同约定设计要求及国家现行标准要求。

4. 木门窗、铝合金、塑钢门窗检验批及每批次数量

（1）同一品种、类型和规格的木门窗、金属门窗、塑料门窗及门窗玻璃，每 100 樘应划分一个检验批，不足 100 樘也应划分为一个检验批。

（2）同一品种、类型和规格的特种门每 50 樘应划分为一个检验批，不足 50 樘也应划分为一个检验批。

（3）木门窗、金属门窗、塑钢门窗及门窗玻璃，每个检验批应至少抽查 5%，并不得少于 3 樘，不足 3 樘时应全数检查，高层建筑的外窗，每个检验批应至少抽查 10%，并不得少于 6 樘，不足 6 樘时应全数检查。

（4）特种门每个检验批应至少抽查 50%，并不得少于 10 樘，不足 10 樘应全数检查。

4　木门窗、铝合金门窗、塑钢窗的储存与保管

1. 木门窗

门窗框进入现场后应妥善保管，入库存放垫起离开地面 20 ~ 40 cm 并垫平，按使用先后顺序将其码放整齐，露天临时存放时，上面应用毡布盖好，防火、防潮、防雨淋。

2. 铝合金、塑钢门窗

（1）装卸门窗时应轻拿轻放，不得撬、甩、摔，安装工程中所用的门窗部件、配件材料等在运输装卸过程中应轻取，防止损坏和变形。

（2）门窗应放置在清洁、平整的地方且避免日晒雨淋并不得与腐蚀物质接触，门窗不应接放于地面，且应立放，立放角度不应小于 70°，并应采取防倾倒措施。

（3）储存门窗的环境温度不小于 5 ℃，与热源的距离不应小于 1 m，门窗在现场的放置时间不得超过一个月。

3.11　常用建筑绝热材料的一般知识及进场验收和保管

常用建筑绝热材料的一般知识及进场验收和保管

1　绝热材料的一般介绍

在建筑中，习惯上把控制室内热量外流的材料叫保温材料，把防止室外热量进入室内的材料叫隔热材料，标准术语应称为绝热材料。绝热材料常以松散材、卷材、板材和预制

块等形式用于建筑物屋面、外墙和地面等的保温及隔热。常用的隔热材料有:无机材料有岩棉板、玻璃棉板等。有机材料有模塑聚苯板、挤塑聚苯板、酚醛树脂板、聚氨酯板等。按防火等级,分为 A 级不燃型、B1 级难燃型、B2 级难燃型。无机保温材料均为 A 级材料,有机保温材料最高可达到 B1 级。另外,按形状,还可分为板状、粉状等。

1. XPS 挤塑聚苯乙烯发泡板材

XPS 挤塑聚苯乙烯发泡板材又称聚苯乙烯挤塑板(简称 XPS)。

具有完美的闭孔蜂窝状结构,其密度、吸水率、导热系数及蒸汽渗透系数等方面均低于其他类型的板状保温材料,因此具有强度好、质轻、不透气、耐腐蚀、抗老化、价格低等特点,较 EPS 有更好的保温隔热性能。防火等级较低,可燃。存在安全隐患。

2. EPS 板

EPS 板又称苯板、泡沫板,是可发性聚苯乙烯板的简称。

EPS 板是由可发性聚苯乙烯原料(Expandable Polystyrene)经过预发、熟化、成型、烘干和切割等工艺制成。它既可制成不同密度、不同形状的泡沫塑料制品,又可以生产出各种不同厚度的泡沫板材。

3. 岩棉板

岩棉板是以玄武岩及其他天然矿石等为主要原料,经高温熔融成纤维,加入适量黏结剂,固化加工而制成的,具有良好的绝热、隔音、防火效果,施工及安装便利、节能效果显著,具有很高的性价比。岩棉板是一种新型的保温、隔燃、吸声材料。常用规格 1 000 mm × 600 mm、1 200 mm × 600 mm。

4. 玻璃棉板

吸声降噪,能有效阻止声音传播。玻璃棉板施工简单,随意切割。抗菌防霉,耐老化、抗腐蚀。A1 级防火,永久不燃。玻璃棉板已广泛应用于建筑外墙的保温、隔热、吸声等方面。

2　验收标准

(1)外墙用岩棉板应符合 GB/T 25975—2010。

(2)玻璃棉板最新标准应符合 GB/T 13350—2008。

(3)模塑聚苯板、挤塑聚苯板应符合 JG 149—2003。

3　进场验收

1. 资料验收

产品合格证, 检验报告,安装使用说明书。

2. 品牌、规格、型号、数量验收

全部符合合同订货清单要求。

3. 质量验收

(1)岩棉板。

①岩棉板色泽均匀,无烧焦、结疤现象。

②取一包置于地面,双手置于包上下压,应无明显的凹陷现象;取出一块岩棉板置于地上,一只脚下踩,应无明显的凹陷感觉,放下脚后,岩棉板能恢复原状。

③工具检测:用直尺检测岩棉板的长度、宽度、厚度,其中长度的偏差为 -3 ~ +15 mm,宽度、厚度的偏差为 -3 ~ +5 mm。

④可燃性检测:用火机点一块撕下的岩棉板。

(2)玻璃棉板。

①目测:表面应平整,不得有妨碍使用的伤痕、污迹、破损,树脂分布基本均匀。

②强度检测:取一包置于地面,双手置于包上下压,有轻微的凹陷现象,放力后立即恢复。

③工具检测:用直尺检测玻璃丝棉板的长度、宽度偏差为 +10 mm、-3 mm;厚度的偏差为0 ~10 mm。

④可燃性检测:用火机点燃一块撕下的玻璃丝棉板,当火机熄灭时,玻璃丝棉板应随即熄灭。

(3)模塑聚苯板、挤塑聚苯板。

①表面平整,色泽均匀;

②外观长度和宽度允许偏差为 ±7.5 mm,对角允许偏差为 ±7 mm,厚度允许偏差为 ±2 mm,厚度≤50 mm(以规格 1 200 mm ×600 mm 的板为基准)。

4　绝热材料的保管

1. 应放于平坦、清洁、干燥的室内保管,严禁淋雨受潮。

2. 绝热材料应远离火源,并配备消防器材。

3.12　常用建筑防水材料的一般知识及验收和保管

常用建筑防水材料的一般知识及验收和保管

1　防水材料的常识

材料防水依据不同的材料分为刚性防水和柔性防水。刚性防水主要采用砂浆、混凝土或掺有外加剂的砂浆或混凝土的刚性防水材料;柔性防水材料主要包括防水卷材、防水涂料、密封材料和堵漏灌浆材料。

1. 防水卷材

防水卷材主要包括沥青防水卷材、高聚物改性沥青防水卷材和高聚物防水卷材三大系列。沥青防水卷材是传统的防水材料;高聚物改性沥青防水卷材分为弹性体改性沥青防水卷材（SBS）、塑性体改性沥青防水卷材（APP）和自粘橡胶改性沥青防水卷材及其他沥青防水卷材；高聚物防水卷材分为橡胶防水卷材、树脂防水卷材和橡塑共混防水卷材。现建筑工程中常用的防水卷材是弹性体改性沥青防水卷材（SBS）。

（1）沥青防水卷材（APP）。

沥青防水卷材（APP）是以石油沥青浸渍原纸，再涂盖其两面，表面涂或撒隔离材料所制成的卷材，用于临时性防水、防潮、包装等。

（2）弹性体改性沥青防水卷材（SBS）。

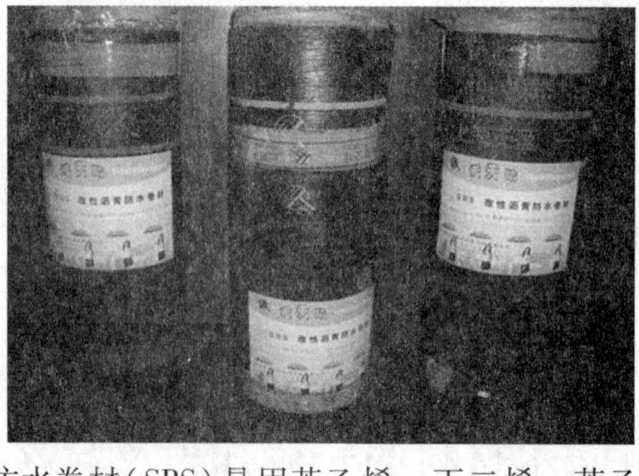

弹性体改性沥青防水卷材（SBS）是用苯乙烯－丁二烯－苯乙烯橡胶改性沥青做涂层，用玻纤毡、聚酯毡、玻纤增强聚酯毡为胎基，两面覆以隔离材料所做成的一种性能优异的防水材料，具有耐热、耐寒、耐腐蚀、抗老化、热塑性好、抗拉力大、延伸率高、抗撕裂性强等优点。卷材公称宽度为1 000 mm。聚酯毡卷材公称厚度为3 mm、4 mm、5 mm。玻纤毡卷材公称厚度为3 mm、4 mm。玻纤增强聚酯毡卷材公称厚度为5 mm。每卷卷材公称面积为7.5 m^2、10 m^2、15 m^2。面积偏差不得超过0.1 m^2/每卷，厚度的平均值不得小于公称厚度，最小厚度误差不得大于0.3 mm。

（3）塑性体改性沥青防水卷材。

塑性体改性沥青防水卷材以聚酯毡或玻纤毡为胎基，无规聚丙烯（APP）或聚烯烃类聚合物（APAO、APO）作改性沥青为浸涂层，两面覆以隔离材料制成的防水卷材。按胎体材料不同，分为聚酯毡胎、玻纤毡胎和玻纤增强聚酯毡胎。按卷材物理力学性能分为Ⅰ型

APP 卷材

和Ⅱ型。按上表面隔离材料分为聚乙烯膜(PE)、细砂(S)和矿物粒(片)料(M)三种。幅宽:1 000 mm,厚度:聚酯毡胎卷材厚度分为 3 mm 和 4 mm;玻纤毡胎卷材厚度分为 3 mm、4 mm 和 5 mm。每卷面积:10 m^2(2 mm)、7.5 m^2 和 5 m^2。面积偏差不得超过 0.1 m^2/每卷,厚度的平均值不得小于公称厚度,最小厚度误差不得大于 0.3 mm。

(4)自粘聚合物改性沥青防水卷材。

自粘聚合物改性沥青防水卷材是一种很有发展前景的新型防水材料。改性沥青防水卷材的下表面复合一定厚度的黏结料(如丁基橡胶)和防粘隔离层,成为有自粘功能的自粘聚合物改性沥青防水卷材。自粘聚合物改性沥青防水卷材的改性剂大多为 SBS 弹性体,其高温性能(耐热度)逊于 SBS 改性沥青防水卷材,力学性能也低于 SBS 改性沥青防水卷材,但该类卷材的最大优点是保证了卷材与基层的黏结,使卷材既有防水功能,又有密封功能。

(5)三元乙丙橡胶防水卷材。

三元乙丙橡胶防水卷材(简称 EPDM 卷材)系以三元乙丙橡胶掺入适量的丁基橡胶、硫化剂、促进剂、软化剂和补强剂等,经密炼、拉片过滤、挤出成型等工序加工而成。有优异的耐气候性、耐老化性,而且抗拉强度高、延伸率大,对基层伸缩或开裂的适应性强,价值高,重量轻,使用温度范围宽(在 −40 ~ +80 ℃范围内可以长期使用),是一种高效防水材料。它还可冷施工,操作简便,减少环境污染,改善工人的劳动条件。

(6)土工布。

土工布是一种新型建筑材料,原料是涤纶、丙纶、腈纶、锦纶等高分子聚合物的合成纤维。按照制造方法分为有纺土工布和无纺土工布两种类型。一般工程主要是使用无纺土

工布。土工布具有防渗、反滤、排水、隔离、加固、防护、密封等多种功能,它与常规的砌石及混凝土材料防渗效果相比,具有投资少、施工工艺简单、工期短、防渗效果好、渠道有效利用系数高等优点。可作为人工填土、堆石或材料场与地基的隔离层,用于不同冻土层之间的隔离,起反滤和加固作用。作挡土墙回填中的加筋,或用于锚固挡土墙的面板。

2. 防水涂料

防水涂料是指常温下为液体,涂覆后经干燥或固化形成的能达到防水目的的弹性涂膜柔性材料。防水涂料可分为丙烯酸类、聚氨酯类、有机硅类、高聚物改性沥青类等防水涂料。防水涂料适合各种复杂、不规则部位的防水,能形成无接缝的整体防水膜。广泛用于屋面防水、地下室防水和地面防潮、防渗工程等。

(1)聚氨酯防水涂料。

以聚氨酯为主要原料,配以各种助剂制成的反应型柔性防水涂料。该产品具有良好的物理性能,黏结力强,常温湿固化。产品具有高强度、高延伸率、高固含量、黏结力强等特点。自然流平,延伸性好,克服基层开裂带来的渗漏。常温施工,操作简便,无毒无害。有单组分和双组分之分。

(2)高聚物改性沥青防水涂料。

高聚物改性沥青防水涂料以沥青为基料，是用合成高分子聚合物进行改性，配制成的水乳型或溶剂型防水涂料。无毒、无味、无环境污染、可在潮湿基层冷施工，橡胶聚合物在涂料体系中呈网络分布。涂膜干后有优良的耐酸、耐碱、耐候性。可在防水基层形成无缝的整体防水层，施工简单快捷。按溶剂划分为：水性、溶剂型。20 kg、25 kg、200 kg 塑料桶或铁桶包装。

3. 建筑密封材料和堵漏灌浆材料

建筑密封材料分为定型和非定型两大类，定型材料具有一定的形状和尺寸，包括止水带、止水条、密封条等；非定型材料指密封膏、密封胶等。

4. 止水带

采用天然橡胶与各种合成橡胶为主要原料，掺加各种助剂及填充料，经塑炼、混炼，压制成型，其品种规格较多，有桥型、山型、P 型、R 型、U 型、Z 型、乙型、T 型、H 型、E 型、Q 型等。

5. 刚性防水材料

刚性防水是相对防水卷材、防水涂料等柔性防水材料而言的防水形式，主要包括防水砂浆和防水混凝土，是指按一定比例掺入水泥砂浆或混凝土中配制防水砂浆或防水混凝土的材料。刚性防水材料按其胶凝材料的不同可分为两大类，一类是以硅酸盐水泥为基

料,加入无机或有机外加剂配制而成的防水砂浆、防水混凝土,如外加气防水混凝土、聚合物砂浆等;另一类是以膨胀水泥为主的特种水泥为基料配制的防水砂浆、防水混凝土,如膨胀水泥防水混凝土等。

2 防水材料的验收

1. 资料验收

产品合格证,检验报告,铺贴刷涂使用说明书。

2. 品牌、规格、型号、数量验收

全部符合合同订货清单要求。

3. 质量验收

(1)防水卷材。

卷材表面应平整,不容许有孔洞、缺边和裂口,胎基应浸透;

每卷卷材接头不应超过一个;

长度、厚度、宽度、面积误差符合要求。

(2)防水涂料。

防水涂料经搅拌后无结块,呈均匀状态。

4. 复试

(1)防水卷材大于1 000 卷抽5 卷。每500 ~ 1 000 卷抽4 卷,100 ~ 499 卷抽3 卷,100 卷以下抽2 卷,进行规格尺寸和外观质量检验。在外观质量检验合格的卷材中,任取一卷作物理性能检验。

(2)防水涂料的抽样复试数量为:有机涂料为5 t 按一批抽样复试,不足5 t 按一批抽样;无机涂料为10 t 按一批抽样复试,不足10 t 按一批抽样。

(3)橡胶止水带、弹性橡胶密封垫材料为每月同标记的止水带产量为一抽样批。

(4)聚合物水泥防水砂浆每10 t 为一抽样批,不足10 t 按一批抽样。

3 验收标准

(1)《弹性体(SBS)改性沥青防水卷材》(GB 18242—2008)。

(2)《塑性体改性沥青防水卷材》(GB 18243—2008)。

(3)《聚氨酯防水涂料》(GB/T 19250—2003)。

4　存储和保管

1. 防水卷材

(1)不同类型、规格的产品应分别堆放,不应混杂。

(2)避免日晒雨淋,注意通风。储存温度不应高于 50 ℃。

(3)立放储存,堆放高度不超过两层。防止倾斜或横压,必要时加盖毡布。

(4)在正常储存、运输条件下,储存期自生产日期起为一年。

2. 防水涂料

(1)防水涂料为水性材料时,可按一般货物存储;为溶剂型材料时,储存时要注意远离火源和热源,并注意通风。

(2)一般储存期为出厂之日起六个月。

3.13　架管、扣件的介绍及验收和保管

架管、扣件的介绍及验收和保管

1　钢管扣件的介绍

现建筑工地上常用的周转性钢化材料包括焊接钢管、扣件、全钢大模板、钢模板、扣件等。

(1)架管。

脚手架、模板支撑系统用架管为焊接钢管,脚手架钢管宜采用 $\phi 48\times 3.5$ mm 钢管。每根钢管的最大质量不应大于 25 kg。钢管壁厚误差不应超过 ±10%。

现租赁市场上的焊接钢管大多壁厚达不到国家标准规定要求。

(2)扣件。

扣件分为直角扣件、旋转扣件和对接扣件。扣件必须经过 65 N · m 扭力矩试压检验,扣件各部位不应有裂纹。

对接扣件

直角扣件

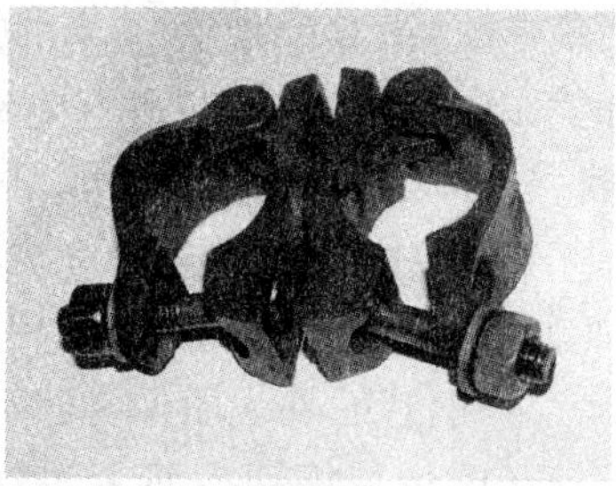

旋转扣件

2　执行标准

脚手架钢管应采用现行国家标准《直缝电焊钢管》(GB/T 13793)或《低压流体输送用焊接钢管》(GB/T 3091)中规定的 Q235 普通钢管,钢管的钢材质量应符合现行国家标

准《碳素结构钢》(GB/T 700)中 Q235 - A 级钢的规定。

扣件铸件的材料应采用 GB 9440 中所规定的力学性能不低于 KTH 330 - 08 牌号的可锻铸铁或 GB 11352 中 ZG 230 - 450 铸钢制作；扣件与底座的力学性能应符合 GB 15831—2006 中表一(扣件力学性能)；铆钉应符合 GB 867 的规定。

T 型螺栓、螺母、垫圈、铆钉采用的材料应符合 GB 700 的有关规定。螺栓、螺母的螺纹均应符合 GB 196 的规定，垫圈应符合 GB 95 的规定。T 型螺栓和螺母应符合 GB/T 3098、GB/T 3098.2 的规定。

3　进场验收

1. 资料验收

钢管扣件进场应向租赁单位索要材质单，新钢管扣件材质单上应有经销商红章。

2. 规格、型号、数量验收

符合订货清单要求。

3. 扣件外观和附件质量要求

(1)扣件各部位不允许有裂纹存在。

(2)盖板与座的张开距离不得小于 50 mm。

(3)扣件不允许在主要部位有缩松。

(4)扣件表面大于 10 mm^2 的砂眼不应超过三处，且累计面积应大于 50 mm^2。

(5)扣件表面粘砂面积累计不应大于 150 mm^2。

(6)错箱不应大于 1 mm。

(7)扣件表面凸(或凹)的高(或深)值不应大于 1 mm。

(8)扣件与钢管接触部位不应有氧化皮，其他部位氧化面积累计不应大于 150 mm^2。

(9) 铆钉应符合 GB 867 的规定，铆接处应牢固，铆接头应大于铆孔直径 1 mm，且美观，不应有裂纹存在。

(10)T 型螺栓 M12，总长为(72 ± 0.5) mm，螺母对边宽(22 ± 0.5) mm，厚度(14 ± 0.5) mm。T 型螺栓和螺母的螺纹用 3 级精度环规、塞规检查。

(11)活动部位应能灵活转动，旋转扣件两旋转面间隙应小于 1 mm。

(12)产品的规格、商标应在醒目处铸出，字迹图案要清晰、完整。

(13)扣件表面应进行防锈处理(不能用沥青漆)，油漆应均匀美观，不应有堆漆或露铁。

十字扣件、旋转扣件和对接扣接必须符合(1)、(2)的要求，符合(3)到(13)中七项外观为合格。

4. 钢管的外观质量验收

(1)焊接钢管表面无锈蚀，钢管无压扁。内外壁表面光洁，无毛刺、裂纹，无变形缺陷，壁厚均匀。

(2)焊缝无表面裂纹，未焊透，未熔合，无气孔，焊缝表面光滑。

(3)用游标卡尺测量钢管的直径和壁厚。直径和壁厚误差需在国际范围内，壁厚误差一般不应超过 ±10%。

4　保管

(1)扣件应入库保管,库房内应有防潮措施。
(2)架管应分不同长度,上架分类存放;存放应一头齐。
(3)存放场地应硬化,有排水措施。
(4)堆放高度不应超过 2 m。堆放架体避免下空上实,容易造成倾翻和坍塌。

5　新型脚手架

新型脚手架有碗扣式脚手架、盘扣式脚手架以及由盘扣式脚手架衍生出来的不同连接方式但原理类似的脚手架,比如插销式、轮扣式脚手架等。

新型脚手架的优点:
(1)新型脚手架施工速度比钢管扣件组合快 2~3 倍。
(2)新型脚手架减少了扣件的损失,没有单个扣件,工地上不易丢失。
(3)新型脚手架代替了木方在模板下面的支撑作用,具有良好的社会环保效益。
(4)新型脚手架施工简单,操作方便,不容易留安全隐患。
(5)新型脚手架支模效果非常好,拆模以后不用二次抹灰,板面非常平整。
(6)新型脚手架施工现场整洁,施工形象好,是大企业参加评优工程的重点推荐。
(7)新型脚手架拆模速度快,且方便简单,容易清理现场。

盘扣式脚手架图如下:

3.14　全钢大模板的介绍及进场验收和保管

全钢大模板的介绍及进场验收和保管

1　全钢大模板的介绍

我国现使用的全钢大模板为拼装式大模板,拼装式大模板可以重新组装,适用于不同板面尺寸的要求,能提高板面的使用率。全钢大模板的构造由墙体模板、背楞、穿墙螺栓、支腿、吊环、操作台挑架及外墙挑架、配件等组成。如图所示。

2　全钢大模板的验收

大模板进场前，由技术总负责牵头技术、质量和材料及施工队技术人员、监理、甲方要到模板租赁公司对未出场的大模板进行质量检查，检查标准参见大模板制作允许偏差与检验方法表，如发现质量有问题，让模板公司进行修改。大模板及配件进入现场后，应按有关规范及设计图纸要求的质量标准进行验收，清点数量，核对型号，分类码放整齐并对部分组拼式全钢大模板进行预先拼装，清理模板表面，在模板(含阴、阳角模)、穿墙螺栓等工作表面上均匀刷涂脱模剂(使用专用脱模剂并妥善保管)。

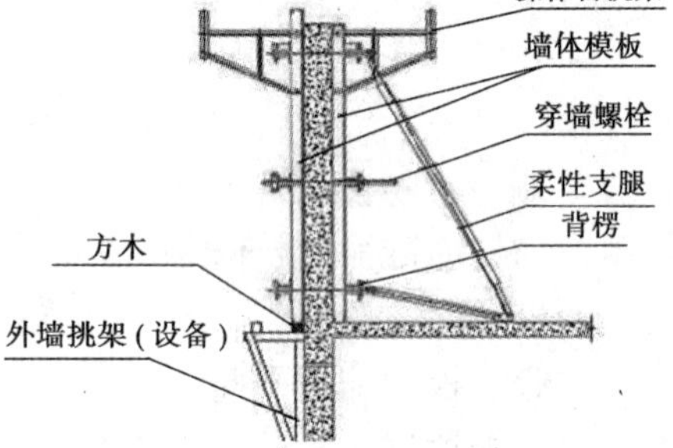

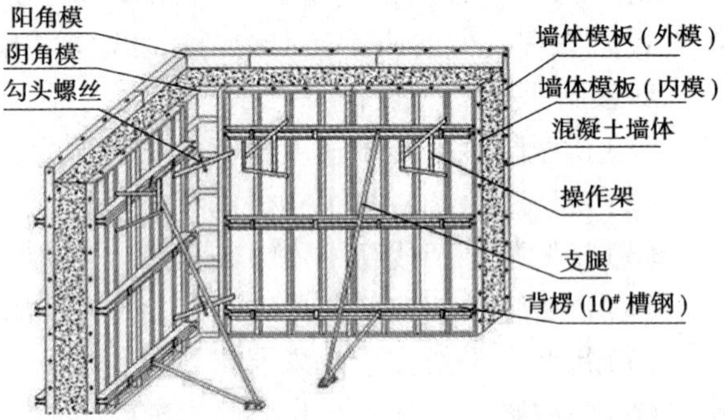

大模板制作允许偏差与检验方法

项次	项目	允许偏差(mm)	检验方法
1	模板高度	±3	卷尺
2	模板宽度	±2	卷尺
3	模板板面对角线差	≤3	卷尺
4	板面平整度	2	2 m 靠尺及塞尺
5	相邻模板面拼缝高低差	≤0.5	平尺及塞尺
6	相邻模板面拼缝间隙	≤0.8	塞尺

3　退场

(1)装车退场前必须分层登记模板及配件的规格尺寸、数量，以便在模板厂退场时进行核对，防止出现差错。

(2)严禁模板带有配件混合出场。

(3)退还人员必须同模板厂收板人员同时认真登记卸车的每一块模板和配件，退还参与人员不得少于2人，减少误差。

4　全钢大模板的存放

(1)大模板应设置专门的存放区,用护栏封闭。

(2)大模板应对立放稳,自稳角度75°~80°;面对面大模板下沿保持600 mm以上距离。

3.15　铸铁管材的验收及保管方法

铸铁管材的验收及保管方法

1　铸铁管材的一般知识

铸铁管,是用铸铁浇铸成型的管子。铸铁管用于给水、排水和煤气输送管线,它包括铸铁直管和管件。按铸造方法不同,分为连续铸铁管和离心铸铁管;按材质不同分为灰口铸铁管和球墨铸铁管;按接口形式不同分为柔性接口、刚性接口等;其中,柔性铸铁管用橡胶圈密封;法兰接口铸铁管用法兰固定,内垫橡胶法兰垫片密封;刚性接口一般铸铁管承口较大,直管插入后,用水泥密封,此工艺现已基本淘汰。

现民用建筑工程中常见的是柔性抗震接口排水铸铁管,此类铸铁管采用橡胶圈密封、螺栓紧固,在内水压下具有良好的挠曲性、伸缩性。能适应较大的轴向位移和横向挠性变形,适用于高层建筑室内排水管,对地震区尤为合适。从接口形式看可分为:W型柔性铸铁排水管、A型柔性铸铁排水管、B型柔性铸铁排水管。

(1)W型柔性铸铁排水管。

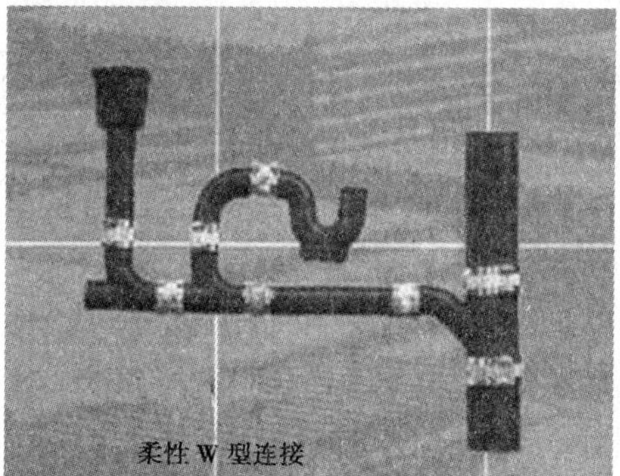

W型柔性铸铁排水管是我国常用的连接方式,具有径向尺寸小(无法兰盘)、便于布置、节省空间、长度可以在现场按需套裁、节省管材、拆装方便、便于维修更换等优点。除连接的可曲挠性和抗震性能良好的特点外,还具有可同步施工、管材利用率高、便于管道清通、减少了水压试验次数、缩短工期、提高经济效益的特点。另外,这种型号的接口用螺栓在外侧紧固,避免了承插口柔性接口凸缘易碰坏、靠墙脚的螺栓难以固定的缺陷,具有操作简便等优点,因此在建筑排水管材及管件的选用中,具有较强的竞争力。此外,由于

W 型柔性铸铁排水管直管长度为 3 m，大大减少了中间接头数量并可按照需要截取任意长度，从而大量节省管材，降低消耗及成本。W 型柔性铸铁排水管无承口管箍，采用带肋不锈钢卡箍，内衬橡胶圈柔性连接，抗震性能高，密封性能好，允许在一定范围内摆动且不会渗漏。因此，无论是在国内还是国外，W 型柔性铸铁排水管均得到了广泛的使用。不锈钢卡箍连接安装方便、易操作、安装快。

W 型柔性铸铁排水管规格及允许偏差

规格（mm）	类别	内径（mm）	外径（mm）		壁厚（mm）		长度（mm）		单重（kg）
			外径	允许偏差	公称	最小	长度	允许偏差	
50（2″）	W1	50	58	+2.0～1.0	3.5	3.0	3 000	±20	13
	W	50	61	±1.0	4.3	3.6	3 000	±10	16.5
75（3″）	W1	75	83	+2.0～1.0	3.5	3.0	3 000	±20	18.9
	W	75	86	±1.0	4.4	3.7	3 000	±10	24.4
100（4″）	W1	100	110	±2.0	3.5	3.0	3 000	±20	25.2
	W	100	111	±1.0	4.8	4.1	3 000	±10	34.6
125（5″）	W1	125	135	±2.0	4.0	3.5	3 000	±20	35.4
	W	125	137	±1.5	4.8	3.8	3 000	±10	43.1
150（6″）	W1	150	160	±2.0	4.0	3.5	3 000	±20	42.2
	W	150	162	±1.5	4.8	3.8	3 000	±10	51.2
200（8″）	W1	200	210	±2.5	5.0	4.0	3 000	±20	69.3
	W	200	214	±1.5	5.8	4.8	3 000	±10	81.9
250（10″）	W1	250	274	±2.5	5.5	4.5	3 000	±20	99.8
	W	250	268	±1.8	6.4	5.2	3 000	±10	113.6

注：W 为国标，W1 为行业标准。

（2）A 型柔性铸铁排水管。

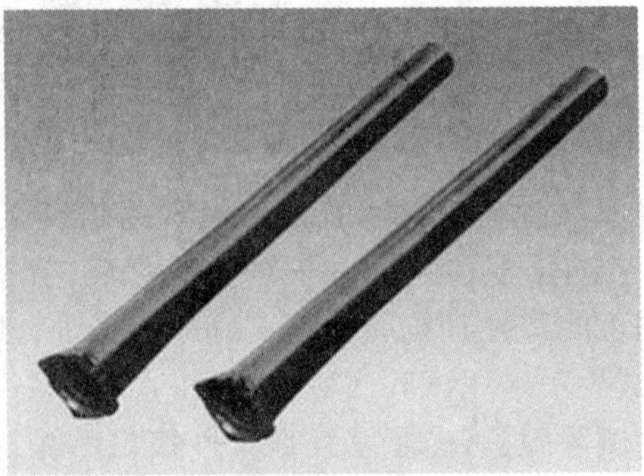

A 型柔性铸铁排水管及管件系列产品在安装施工中采用柔性法兰及密封胶圈连接，具有抗震性能好、密封性强、施工简便、便于维修、使用可靠等优点。

A 型柔性铸铁排水管规格及允许偏差

规格（mm）	壁厚（mm）		外径（mm）	长度（mm）		长度（mm）
	TA 级	TB 级	D	L		L1
50	3.8～4.5	4.8～5.5	61±1.0	1 000±5	1 500±10	1 830±10
75	4.3～5.0	4.8～5.5	86±1.0	1 000±5	1 500±10	1 830±10
100	4.3～5.0	4.8～5.5	111±1.0	1 000±5	1 500±10	1 830±10
125	4.5～5.5	5.0～6.0	137±1.5	1 000±5	1 500±10	1 830±10
150	4.5～5.5	5.0～6.0	162±1.5	1 000±5	1 500±10	1 830±10
200	5.0～6.0	6.0～7.0	214±1.5	1 000±5	1 500±10	1 830±10
250	5.7～7.0		268±1.8		1 500±10	

（3）B 型柔性铸铁排水管及管件系列产品是综合了 W 型和 A 型柔性铸铁排水管优点。直管部分采用了 W 型无承口铸管，管件采用双法兰结构，这种连接组合既有 A 型结构连接强度高和安装便捷的优点，又因采用 W 型直管而降低了材料成本，加之 B 型管件设计结构较为紧凑，较 A 型管件节约安装空间。

（4）给水球墨铸铁管、管件。

球墨铸铁管与灰口铸铁管相比，强度大，韧性好，管壁薄，金属用量少，能承受较高的压力，有效长度有 5 m 及 6 m；按壁厚不同分 P、G 两级。给水球墨铸铁管按接口方式不同分为 K 型机械式柔性接口管和 T 型承插式柔性接口管。标准壁厚分别为 K8 级、K9 级、K10 级和 K12 级，分别承受压力等级。

2　铸铁管材的标准

（1）《水及燃气管道用球墨铸铁管、管件和附件》（GB/T 13295—2003）。

（2）《排水用柔性接口铸铁管、管件》（GB/T 12772—2008）。

球墨铸铁管重量表

公称直径 *DN* (mm)	外径 (mm)	壁厚(mm)				承口凸部重量 (kg)	直径每米重量(kg)				标准工作长度 $L=6\ 000$ mm			
		K8	K9	K10	K12		K8	K9	K10	K12	K8	K9	K10	K12
80	98		6.0	6.0	6.0			12.2	12.2	12.2		78.7	78.7	78.7
100	118		6.1	6.1	6.1	4.3	14.9	15.1	15.1	15.1	93.7	95	95	95
150	170	6	6.3	6.3	6.3	7.1	21.8	22.8	22.8	22.8	138	144	144	144
200	222		6.4	6.4	6.4	10.3	28.7	30.6	30.6	30.6	183	194	194	194
250	274		6.8	7.5	9.0	14.2	35.6	40.2	44.3	53	228	255	280	332
300	326	6.4	7.2	8.0	9.6	18.6	45.3	50.8	56.3	67.3	290	323	356	422
350	378	6.8	7.7	8.5	10.2	23.7	55.9	63.2	69.6	83.1	359	403	441	522
400	429	7.2	8.1	9.0	10.8	29.3	67.3	75.5	83.7	100	433	482	532	629
500	532	8.8	9.0	10.0	12.0	42.8	92.8	104.3	115.6	138	600	669	736	871
600	635	9.6	9.9	11.0	13.2	59.3	122	137.3	152	182	791	882	971	1 151
700	739	10.4	10.8	12.0	14.4	79.1	155	173.9	193	231	1 009	1 123	1 237	1 465
800	842	11.2	11.7	13.0	15.6	102.6	192	215.2	239	286	1 255	1 394	1 537	1 819
900	945	12	12.6	14.0	16.8	129.9	232	260.2	289	345	1 522	1 691	1 864	2 200
1 000	1 048	13.6	13.5	15.0	18.0	161.3	275	309.3	343	411	1 811	2 017	2 221	2 627
1 200	1 255	15.2	15.3	17.0	20.4	237.7	373.7	420.1	465.9	558	2 480	2 758	3 033	3 586

3　铸铁管材的验收

1. 品牌、规格、型号、数量验收

全部符合合同及清单要求。

2. 资料验收

进场产品必须有国家认可机构出具的产品质量检验报告(需要加盖公章,公章必须是红章),产品合格证原件,有关许可证,新型材料应有具备鉴定资格单位出具的鉴定证书;如果没有检验报告和产品合格证,拒收材料。铸铁管材、管件的型号繁多,每个规格型号的管材管件都应该有相应的检测报告,而不是笼统的一种检测报告,所以在验收的时候要注意检查检测报告是否齐全。

3. 实物验收

(1)将实物样品与现场材料进行比对。

(2)直管和管件的内外表面应光洁平整,不允许有裂缝、重皮、冷隔、错位、蜂窝,管及管件不得有妨碍使用的凹凸不平的缺陷。

(3)采用橡胶圈柔性接口的铸铁、球墨铸铁管,承口的内工作面和插口的外工作面应光滑、轮廓清晰,不得有影响接口密封性的缺陷。

(4)检查入场铸铁管材料的尺寸(长度、口径、壁厚)公差应符合现行国家产品标准的规定,防腐涂装(颜色、防腐涂层材质、附着力、涂层厚度等)是否符合要求。

4. 验收抽检数量

每批次同一规格型号管材到场数量的1%,并不少于3根;每批次同一规格型号管件不少于5套。

4　铸铁管材的储存与保管

(1)铸铁管堆码的原则要求是在码垛稳固、确保安全的条件下,做到按品种、规格码垛,不同品种的材料要分别码垛,防止混淆和相互腐蚀。

(2)禁止在铸铁管垛位附近存放对钢材有腐蚀作用的物品。

(3)铸铁管垛底应垫高、坚固、平整,防止材料受潮或变形。堆垛高度,人工作业的不超过1.2 m,机械作业的不超过1.5 m,垛宽不超过2.5 m。

(4)垛与垛之间应留有一定的通道,检查通道一般为0.5 m,出入通道视材料大小和运输机械而定,一般为1.5~2.0 m。

(5)铸铁管垛底垫高,若仓库为朝阳的水泥地面,垫高0.1 m即可;若为泥地,垫高0.2~0.5 m。若为露天场地,水泥地面垫高0.3~0.5 m,沙泥地面垫高0.5~0.7 m。

(6)同种材料按入库先后分别堆码,并应遵守"先进先出"原则。

3.16　常用塑料管材的一般知识及验收和保管

常用塑料管材的一般知识及验收和保管

1　塑料管材的一般知识

塑料管一般是指以塑料树脂为原料,加入稳定剂、润滑剂等,以"塑"的方法在制管机内经挤压加工而成的一类管材产品。塑料管优点是有优良的化学稳定性,耐腐蚀,不受酸、碱、盐、油类等介质的侵蚀;物理机械性能好,不燃烧、无不良气味、质轻而坚,比重仅为钢的1/5。塑料管管壁光滑,容易切割,并可制成各种颜色,尤其是代替金属管材可节省金属。

塑料管缺点是质脆,耐外压性能差,抗弯抗拉性能差,抗冲击性能差,线性膨胀系数较大,日光照射时易老化。

(1)PVC排水管材、管件。

PVC管材:主要成分是聚氯乙烯,另外加入其他成分来增加其耐热性、韧性、延展性等。PVC管适用于电线管道和排污管道,在制造PVC原料时未增加塑化剂的PVC原料称UPVC或PVC-U管。U是英语原文Unplasticized的第一个字母。建筑排水用硬质聚氯乙烯管材分为实壁排水管、实壁螺旋管、空壁螺旋管。

(2)PVC穿线管材、件。

PVC穿线管是按管子的外径标注,16、20、32、40是管道的外直径,根据壁厚的不同,其内径不同,常用的PVC穿线管的壁厚有A型加厚型、B型通用型、C型薄壁型三种。一般工程采用最多的是B型管。

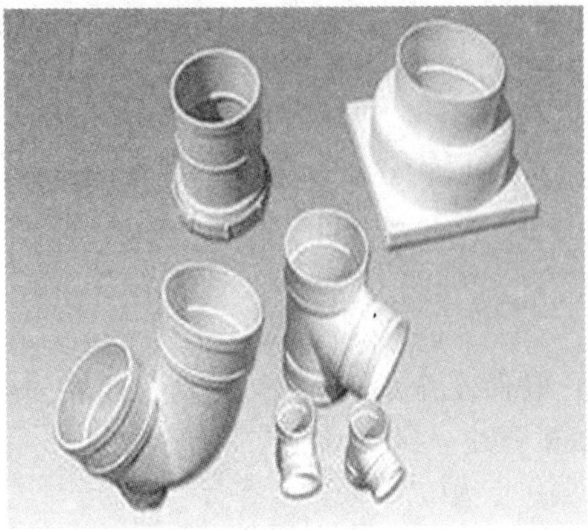

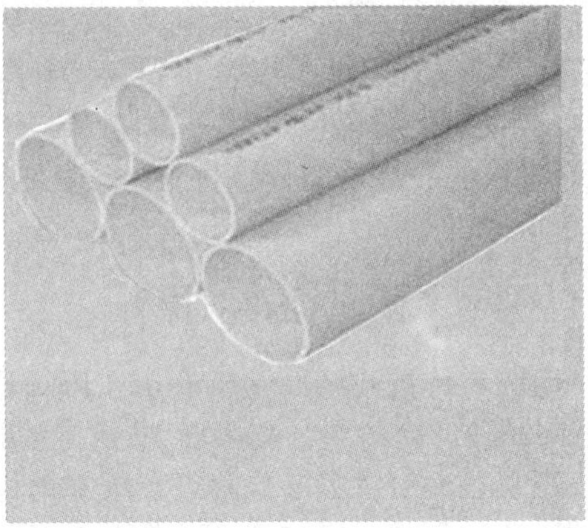

通用建筑排水用硬质聚氯乙烯管材规格和允许偏差　　（单位：mm）

公称外径 *DE*	平均外径极限偏差	壁厚 *e*		长度 *L*	
		基本尺寸	极限偏差	基本尺寸	极限偏差
40	+0.3 0	2.0	+0.4 0	4 m或6 m	±10
50	+0.3 0	2.0	+0.4 0		
75	+0.3 0	2.3	0.4 0		
90	+0.3 0	3.2	0.6 0		
110	+0.4 0	3.2	0.6 0		
125	+0.4 0	3.2	0.6 0		
160	+0.5 0	4.0	+0.6 0		

通用硬质聚氯乙烯电线管材规格和允许偏差

公称口径(mm)	外径(mm)		最小内径(mm)		壁厚(mm)	
	外径	平均偏差			最大	允许偏差
15	16	-0.3	轻型	13.7	1.15	-0.3
			中型	13	1.5	
			重型	12.2	1.9	
20	20	-0.3	中型	16.9	1.55	-0.3
			重型	15.8	2.1	
25	25	-0.4	中型	21.4	1.8	-0.3
			重型	20.6	2.2	
32	32	-0.4	轻型	28.6	1.7	-0.3
			中型	27.8	2.1	
			重型	26.6	2.7	
40	40	-0.4	轻型	35.8	2.1	-0.3
			中型	35.8	2.3	
			重型	34.3	2.8	

(3)PP-R 管材件。

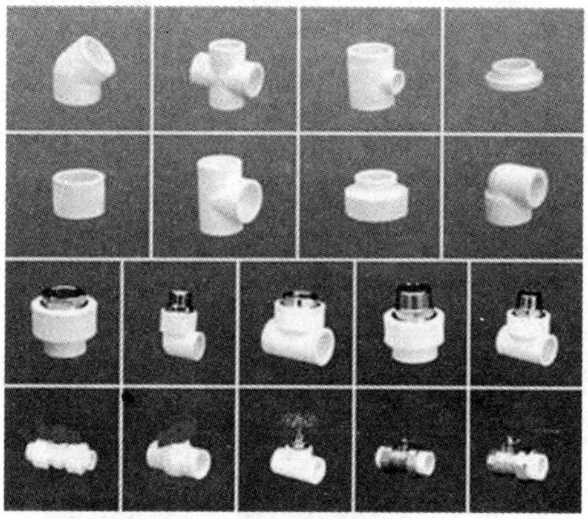

PP-R 管又叫三型聚丙烯管,采用无规共聚聚丙烯经挤出成为管材,注塑成为管件。具有质量轻、流阻小、外形美观、卫生无毒、寿命长、保温性能好、耐腐蚀、不结垢、使用寿命长等特点。PP-R 管颜色有浅灰色和白色。主要用于工业、民用建筑的冷热水给水系统,食物、化工、电子等工业管网,空调设备用管,地板采暖、低温散热器采暖、高温散热器采暖、住宅采暖、太阳能设施管网等。

PP－R 管材的规格和允许偏差 （单位：mm）

公称外径 De	平均允许偏差	壁厚 e									
		管系列 S(公称压力 MPa)									
		S5(PN1.0)		S4(PN1.25)		S3.2(PN1.6)		S2.5(PN2.0)		S2(PN2.5)	
		基本尺寸	允许偏差	基本尺寸	允许偏差	基本尺寸	允许偏差	基本尺寸	允许偏差	基本尺寸	允许偏差
20	+0.3	2	+0.3	2.3	+0.4	2.8	+0.4	3.4	+0.5	4.1	+0.6
25	+0.3	2.3	+0.4	2.8	+0.4	3.5	+0.5	4.2	+0.6	5.1	+0.7
32	+0.3	2.9	+0.4	3.6	+0.5	4.4	+0.6	5.4	+0.7	6.5	+0.8
40	+0.4	3.7	+0.5	4.5	+0.6	5.5	+0.7	6.7	+0.8	8.1	+1.0
50	+0.5	4.6	+0.6	5.6	+0.7	6.9	+0.8	8.3	+1.0	10.1	+1.2
63	+0.6	5.8	+0.7	7.1	+0.9	8.6	+1.0	10.5	+1.2	12.7	+1.4
75	+0.7	6.8	+0.8	8.4	+1.0	10.3	+1.2	12.5	+1.4	15.1	+1.7
90	+0.9	8.2	+1.0	10.1	+1.2	12.3	+1.4	15.0	+1.7	18.1	+2.0
110	+1.0	10	+1.1	12.3	+1.4	15.1	+1.7	18.3	+2.0	22.1	+2.4

注：管材一般分直管和盘管，直管长度一般为 4 m 或 6 m，盘管一般为 50 m 或 100 m，也可根据用户要求协商决定。管材长度的允许偏差为 +0.4%。

管材管系列 *S* 值的选择应符合下表规定：

管材管系列 *S* 值的选择

管材管系列 *S* 值	5	4	3.2	2.5	2
公称压力(MPa)	1.0	1.25	1.6	2.0	2.50
工作压力(MPa)	0.6	0.8	1.0	1.3	1.65

（4）PE 管材、管件。

建筑工程上常见的 PE 管主要是给水用聚乙烯（HDPE）管材及耐热聚乙烯（PE－RT）管材。给水用聚乙烯（HDPE）管材：主要成分是聚乙烯，主要用于城市自来水管网系统，城乡饮用水管道；聚乙烯（PE－RT）耐热管材：主要成分是聚乙烯，主要用于地暖辐射采

暖系统,高温散热器采暖,民用住宅集中供暖,制冷系统及水处理系统管道。

PE－RT 管材同一横截面壁厚的偏差　（单位:mm）

公称壁厚 *en*	允许偏差	公称壁厚 *en*	允许偏差	公称壁厚 *en*	允许偏差
1.0＜*en*＜2.0	+0.3	10.0＜*en*≤11.0	+1.2	19.0＜*en*≤20.0	+2.1
2.0＜*en*＜3.0	+0.4	11.0＜*en*≤12.0	+1.3	20.0＜*en*≤21.0	+2.2
3.0＜*en*＜4.0	+0.5	12.0＜*en*≤13.0	+1.4	21.0＜*en*≤22.0	+2.3
4.0＜*en*＜5.0	+0.6	13.0＜*en*≤14.0	+1.5	22.0＜*en*≤23.0	+2.4
5.0＜*en*＜6.0	+0.7	14.0＜*en*≤15.0	+1.6	23.0＜*en*≤24.0	+2.5
6.0＜*en*＜7.0	+0.8	15.0＜*en*≤16.0	+1.7	24.0＜*en*≤25.0	+2.6
7.0＜*en*＜8.0	+0.9	16.0＜*en*≤17.0	+1.8	25.0＜*en*≤26.0	+2.7
8.0＜*en*＜9.0	+1.0	17.0＜*en*≤18.0	+1.9	26.0＜*en*≤27.0	+2.8
9.0＜*en*＜10.0	+1.1	18.0＜*en*≤19.0	+2.0		

PE－RT 管材的规格及尺寸　（单位:mm）

公称外径	平衡管径		圆度		管系列				
					S6.3	S5	S4	S3.2	S2.5
	最小	最大	直管	盘管	公称壁厚				
12	12.0	12.3	≤1.0	≤1.0					2.0
16	16.0	16.3	≤1.0	≤1.0			2.0	2.2	2.7
20	20.0	20.3	≤1.0	≤1.2		2.0	2.3	2.8	3.4
25	25.0	25.3	≤1.0	≤1.5	2.0	2.3	2.8	3.5	4.2
32	32.0	32.3	≤1.0	≤2.0	2.4	2.9	3.6	4.4	5.4
40	40.0	40.4	≤1.0	≤2.4	3.0	3.7	4.5	5.5	6.7
50	50.0	50.5	≤1.2	≤3.0	3.7	4.6	5.6	6.9	8.3
63	63.0	63.6	≤1.6	≤3.8	4.7	5.8	7.1	8.6	10.5
75	75.0	75.7	≤1.8		5.6	6.8	8.4	10.3	12.5
90	90.0	90.9	≤2.2		6.7	8.2	10.1	12.3	15.0
110	110.0	111.0	≤2.7		8.1	10.0	12.3	15.4	18.3
125	125.0	126.2	≤3.0		9.2	11.1	14.0	17.1	20.8
140	140.0	141.3	≤3.4		10.3	12.7	15.7	19.2	23.3
160	160.0	161.6	≤3.9		11.8	14.6	17.9	21.9	25.6

注:PE－RT 管材以盘管或直管供货,其长度不应小于规定值。

2　管材的标准

(1)PVC 管。

进水管标准:

《给水用硬聚氯乙烯(PVC-U)管件》(GB/T 10002.1—2006)。

排水管标准:

《建筑排水用硬聚氯乙烯(PVC-U)管材》(GB/T 5836.1—2006)。

《排水用芯层发泡硬聚氯乙烯(PVC-U 管材》(GB/T 16800—2008)。

《排水用硬聚氯乙烯(PVC-U)玻璃微珠复合管材》(CJ/T 231—2006)。

《埋地排水用硬聚氯乙烯(PVC-U)双壁波纹管材》(GB/T 18477—2001)。

《建筑排水用硬聚氯乙烯(PVC-U)管件》(GB/T 5836.2—2006)。

电线管标准:

JG/T 3050—1998。

(2)PPR 管。

GB/T 18742.2—2002 PPR 管材。

GB/T 18742.3—2002 PPR 管件。

(3)PE 管。

GB/T 13663.2—2000 给水用聚乙烯(HDPE)管材。

GB/T 13663.2—2005 给水用聚乙烯(HDPE)管件。

CJ/T 175—2002 聚乙烯(PE-RT)耐热管材。

3　塑料管材的验收

1. 材料验收

材料员对进入施工现场的材料进行验收。

2. 资料验收

进场产品必须有国家认可机构出具的产品质量检验报告(需要加盖公章,公章必须是红章),产品合格证原件,有关许可证,给水材料应有用水确认证书,新型材料应有具备鉴定资格的单位出具的鉴定证书;如果没有检验报告和产品合格证,材料拒收。塑料管材管件的型号繁多,每个规格型号的管材管件都应该有相应的检测报告,而不是笼统的一种检测报告。所以在验收的时候要注意检查检测报告是否齐全。

3. 实物的验收

(1)实物样品与现场材料进行比对。

(2)管材上面喷码清晰,喷码所示产品品牌、规格型号与订单要求一致。

(3)管材管件内外壁应光滑平整,壁厚均匀、平整,无气泡、裂口、分解变色线及影响使用的划伤,管材的两端应切割平整,并与轴线垂直。管材管件应不透光。

(4)管件应完整、无缺损、无变形,和模缝、浇口连接应平整、无裂纹。

(5)对应管材管件配套良好,不应有明显可见的杂质。

(6)聚氯乙烯排水管材管长度不允许有负偏差;PE 管管材长度最小为 4 m,极限偏差的下偏差为0,上偏差为长度的2%。

(7)每批次同一规格型号管材到场数量的1%,并不少于3根;每批次同一规格型号管件不少于5套。

4.后期管理

初步验收后,填写到货物资记录并通知专业工长、甲方、现场监理共同参与验收。

4　塑料管材的储存与保管

(1)管材、管件应该存放在通风良好、温度不超过40 ℃的库房或简易的棚内,不准露天暴晒。管材、管件或阀门存放时,应按不同规格和不同类型分别存放,并应遵守"先进先出"原则。

(2)严禁与油类、酸、碱等其他化学物质接触。

(3)管材、管件在户外临时堆放时,应有遮盖物。

(4)管材应水平堆放在平整的支撑物或地面上。堆放的高度不宜超过1.5 m,当管材捆扎成1 m×1 m的方捆,并且两侧加支撑保护时,堆放高度可适当提高,但不宜超过3 m,管件应逐层叠放整齐,应确保不倒塌,并且便于拿取和管理,管件装箱存放高度也不应超过3 m。

(5)管材件堆放时距离热源不少于1 m。

(6)PE管存放期自生产之日起,不得超过一年。

3.17　钢塑复合管管材的一般知识及验收和保管

钢塑复合管管材的一般知识及验收和保管

1　钢塑复合管管材的一般知识

钢塑复合管是以普通碳素钢管作为基体,内衬化学稳定性优良的热塑性塑料管,经冷拉复合或滚塑成型,它既有钢管的机械性能,又有塑料管的耐腐蚀、缓结垢、不易生长微生物的特点,按衬塑材料分,钢塑复合管分为:钢衬聚丙烯复合管(GSF.PP)、钢衬聚氯乙烯复合管(GSF.PVC)、钢衬聚乙烯复合管(GSF.PE)、钢衬聚四氟乙烯复合管(GSF.F4)。

按衬塑工艺分:涂塑复合钢管:在钢管内或内外表面熔融一层塑料粉末的钢塑复合管;衬塑复合钢管:在钢管内壁粘衬薄壁塑料管的钢塑复合管。

按介质分:冷水用的钢塑复合管:按白色或本色制作内衬塑料管。热水用的钢塑复合管:外表面有红色标志或按红色制作内衬塑料管。

2　钢塑复合管管材的标准

CJ/T 136—2007　给水钢塑复合压力管。

CJ/T 183—2008　钢塑复合压力管。

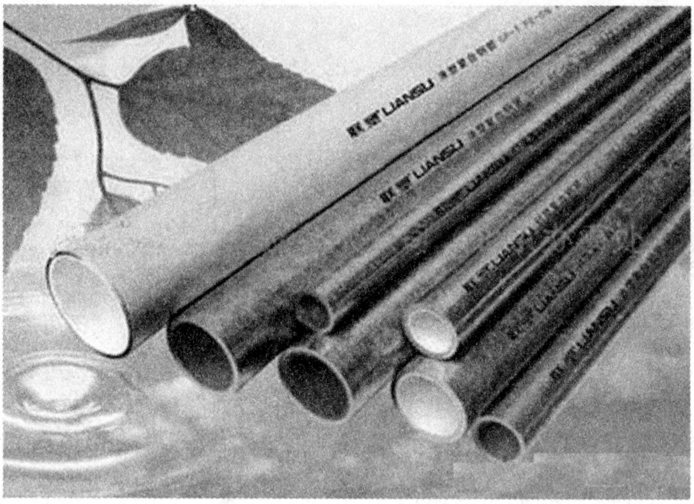

3　钢塑复合管管材的验收

1. 材料进场

材料进入施工现场，材料员验收和填写到货物资记录并通知专业工长、甲方、现场监理共同参与验收。

2. 资料验收

进场产品必须有国家认可机构出具的产品质量检验报告（需要加盖厂家公章，公章必须是红章），产品合格证原件，有关许可证，给水材料应有用水确认证书，新型材料应有具备鉴定资格的单位出具的鉴定证书；如果没有检验报告和产品合格证，拒收材料。

3. 实物的验收

（1）实物样品与现场材料进行比对。

（2）管材上面喷码清晰，喷码所示产品品名、规格、型号应与订单要求一致。

（3）复合管外表面应光滑、色泽均匀，无明显划伤、裂纹、凹陷，无气泡，无针眼，无脱皮和其他影响使用的缺陷。

（4）复合管内表面应平滑，无斑点、异味、异物，无针眼，无裂纹。

（5）衬塑钢管形状应是直管，两端截面与管轴线呈垂直。

（6）复合管端面封口与管材融接良好，不可见钢管裸露。

4. 验收抽检数量

每批次同一规格型号管材到场数量的3%，并不少于10根；每批次同一规格型号管件不少于5套。

备注：钢塑复合管管材管件的型号繁多，每个规格型号的管材管件都应该有相应的检测报告，而不是笼统的一种检测报告。所以，在验收的时候要注意检查检测报告是否齐全。

钢塑复合管的规格及允许偏差

公称通径 *DN* (mm)	内衬塑料层(mm)		理论重量 (kg/m)	长度	
	厚度	允许偏差		m	允许偏差 (mm)
15	1.5	±0.2	1.333	6	±20
20			1.73	6	
25			2.574	6	
32			3.32	6	
40			4.07	6	
50			5.17	6	
65			7.04	6	
80	2.0		8.84	6	
100			11.50	6	
125			15.94	6	
150	2.5		18.88	6	
200		−0.50	23.02	6	
250	3.0		39.55	6	
300			49.34	6	

4　钢塑复合管管材的储存与保管

(1)复合管材、管件应存放在通风良好的库房或棚内,温度一般不超过40 ℃的地方,远离热源,隔绝火种,不应长期堆放在室外。

(2)复合管材、管件长期存放在高寒区应注意保温。

(3)严禁与油类或化学品混合存放,库内应有防火措施。

(4)复合管材、管件存放时,应按不同规格尺寸和不同类型分别存放,应遵守"先进先出"原则。

(5)复合管材应水平整齐堆放,堆放高度一般不超过1.5 m。

3.18　铝塑复合管管材的验收及保管方法

铝塑复合管管材的验收及保管方法

1　铝塑复合管管材的一般知识

铝塑复合管是一种由中间层纵焊铝管、内外层聚乙烯塑料以及层与层之间热熔胶共挤复合而成的新型管道。聚乙烯是一种无毒、无异味的塑料，具有良好的耐撞击、耐腐蚀、抗天候性能。中间层纵焊铝合金使管子具有金属的耐压强度，耐冲击能力使管子易弯曲不反弹，铝塑复合管拥有金属管坚固耐压和塑料管抗酸碱耐腐蚀的两大特点，是新一代管材的典范。铝塑复合管(铝塑管)是市面上较为流行的一种管材，目前市场上比较有名的有日丰和金德。铝塑管(铝塑复合管)主要缺点是在用作热水管使用时，由于长期的热胀冷缩会造成管壁错位，以致造成渗漏。中间铝层可100%隔绝气体渗透，并使管子同时具有金属和塑胶管的优点，而剔除了各自的缺点。

铝塑复合管按用途可分为普通饮用水管、耐高温管、燃气管。

(1)普通饮用水用铝塑复合管。

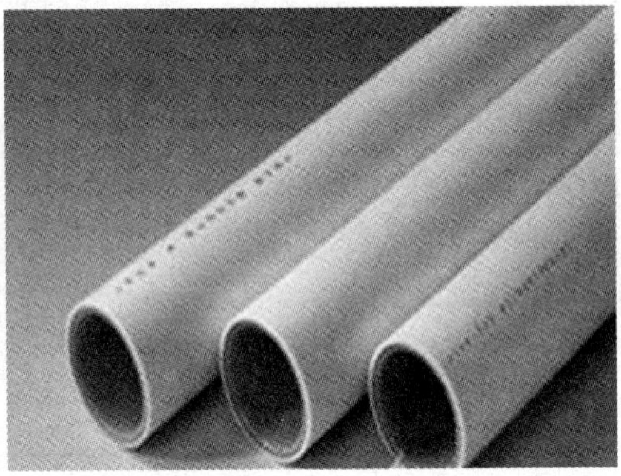

白色L标识，适用范围：生活用水、冷凝水。

(2)耐高温用铝塑复合管。

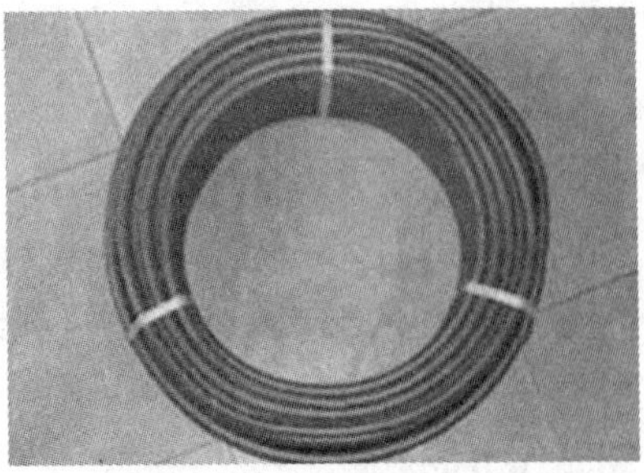
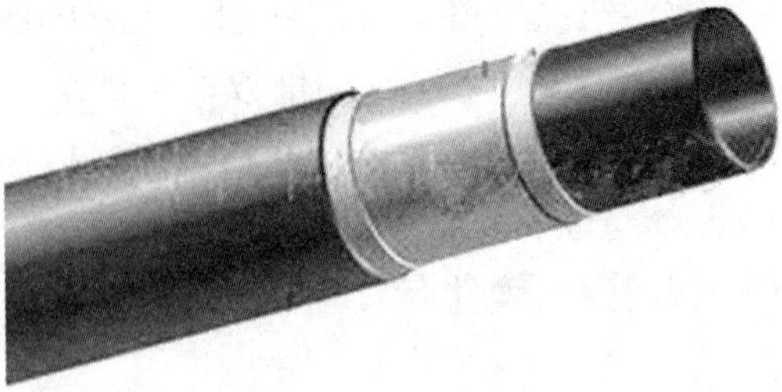

红色R标识,主要用于长期工作水温95 ℃的热水及采暖管道系统。

(3)燃气用铝塑复合管。

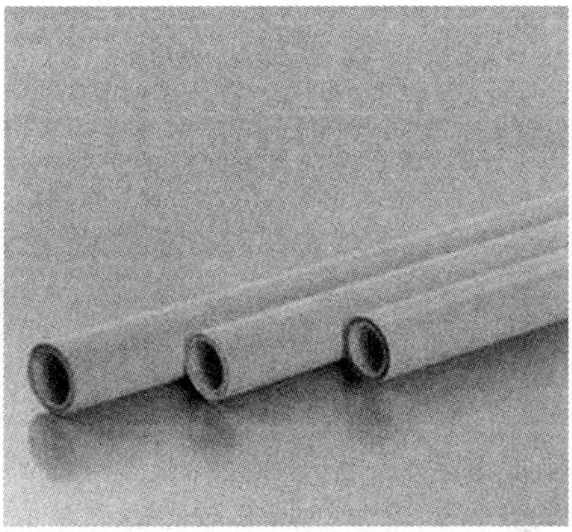

黄色Q标识,主要用于输送天然气、液化气、煤气管道系统。

2 铝塑复合管管材的标准

GB/T 18997.1—2003《铝塑复合压力管》。

GB/T 18997.2—2003《对接焊式铝塑管》。

3 铝塑复合管管材的验收

1.品牌、规格、型号、数量验收

全部符合合同订货清单要求。

2.资料验收:进场产品必须有国家认可机构出具的产品质量检验报告(需要加盖公章,公章必须是红章),产品合格证原件,有关许可证,给水材料应有用水确认证书,新型材料应有具备鉴定资格单位出具的鉴定证书;如果没有检验报告和产品合格证,拒收材料。铝塑复合管管材管件的型号繁多,每个规格型号的管材管件都应该有相应的检测报告,而不是笼统的一种检测报告。所以,在验收的时候要注意检查检测报告是否齐全。

3.实物的验收

(1)实物样品与现场材料进行比对。

(2)管材上面喷码清晰,喷码所示产品品牌及生产日期、规格型号与订单要求一致。

(3)撞击法:随机选择一段铝塑复合管,用比较坚硬的东西进行撞击,管面会出现弯形,如果变形至破裂,则为劣质;变形面不能恢复,则为一般质地;变形之后可马上恢复至原形,则为优质铝塑管。

(4)目测法:取一段铝塑管,顺着光线观看,优质铝塑管色泽均匀,没有色差;中间铝层接口严密,没有粗糙痕迹;整个管面平滑、无杂质,弧形标准。

(5)触摸法:取一段铝塑管垂直切断,用手指伸进管内,优质管管口光滑,没有纹路的感觉;管口没有毛边。

(6)验收抽检数量:每批次同一规格型号管材到场数量的1%,并不少于3捆;每批次同一规格型号管件不少于5套。

(7)材料员填写《到货物资记录》并通知专业工长、甲方、现场监理共同参与验收。

4　铝塑复合管管材的储存与保管

(1)管材、管件和阀门应存放在通风良好的库房或棚内,远离热源,并有防晒、防雨淋的措施。

(2)严禁与油类或化学品混合存放,库内应有防火措施。

(3)管材、管件或阀门存放时,应按不同规格尺寸和不同类型分别存放,应遵守"先进先出"原则。

(4)应水平堆放在平整的支撑物或地面上。当直管采用三角形式堆放或两侧加支撑保护的矩形堆放时,堆放高度不宜超过1.5 m,当直管采用分层货架存放时,每层货架高度不宜超过1 m,堆放总高度不宜超过3 m。

(5)管材、管件在户外临时存放时,应采用遮盖物遮盖。

(6)管件储存应成箱存放在货架上或堆放在平整地面上;当成箱堆放时,堆放高度不宜超过3 m。

3.19　常见阀门的验收及保管方法

常见阀门的验收及保管方法

1　阀门的一般知识

阀门是流体输送系统中的控制部件,具有截止、调节、导流、防止逆流、稳压、分流或溢流泄压等功能,用于流体控制系统的阀门,从最简单的截止阀到极为复杂的自控系统中所用的各种阀门,其品种和规格相当繁多。阀门可用于控制空气、水、蒸汽、各种腐蚀性介质、泥浆、油品、液态金属和放射性介质等各种类型流体的流动。

阀门产品型号编制方法:

阀门产品型号由6个单元组成。产品型号的6个单元按下列顺序排列:

第一单元表明阀门类别;

第二单元表明驱动方式;

第三单元表明连接形式和结构形式;

第四单元表明密封圈或衬里材料;

第五单元表明公称压力;

第六单元表明阀体材料。

阀门的种类及用途

种类		主要用途
按压力分	按结构种类分	
压力≤16大气压者为低压阀 压力为25、40、64大气压者为中压阀 压力≥100大气压者为高压阀 压力超过1 000大气压者为超高压阀	旋塞、闸阀、截止阀、球阀	用于开启或关闭管道的介质流动
	止回阀(底阀)	用于自动防止管道内的介质倒流
	节流阀	用于调节管道介质的流量
	蝶阀	用于开启或关闭管道内的介质,也可作调节用
	安全阀	用于锅炉、容器设备及管道上。当介质压力超过规定数值时,能自动排除过剩介质压力,保证生产运行安全
	减压阀	用于自动降低管道及设备内的介质压力。当介质经过阀瓣的间隙时,产生阻力,造成压力损失,达到降压目的
	疏水器	用于蒸汽管道上,供自动排除冷凝水,防止蒸汽损失或泄漏之用

第一单元　“阀门类别”代号,用汉语拼音字母表示

类别	闸阀	截止阀	节流阀	隔膜阀	球阀	旋塞阀	止回阀	蝶阀	疏水器	安全阀	减压阀
代号	Z	J	L	G	Q	X	H	D	S	A	Y

第二单元　“驱动方式”代号,用一位阿拉伯数字表示

驱动方式	涡轮传动的机械驱动	正齿轮传动的机械驱动	伞齿轮传动的机械驱动	气动驱动	液压驱动	电磁驱动	电动机驱动
代号	3	4	5	6	7	8	9

注:对于用手轮、手柄或扳手等直接传动的阀门或自动阀门,则省略本单元。

第三单元　“连接形式”和“结构形式”代号,用一位阿拉伯数字表示

连接形式	内螺纹	外螺纹	法兰	法兰	法兰	焊接
代号	1	2	3	4	5	6

注:1. 法兰连接代号3仅用于双弹簧式安全阀。
2. 法兰连接代号5仅用于杠杆式安全阀。
3. 单弹簧安全阀及其他类别阀门系连接时采用代号4。

阀门结构形式代号

<table>
<tr><th>阀门名称</th><th>1</th><th>2</th><th>3</th><th>4</th><th>5</th><th>6</th><th>7</th><th>8</th><th>9</th><th>0</th></tr>
<tr><td>闸阀</td><td>明标楔式单闸板</td><td>明杆楔式双闸板</td><td>—</td><td>明杆平行式双闸板</td><td>暗杆楔式单闸板</td><td>暗杆楔式双闸板</td><td>—</td><td>暗杆平行式双闸板</td><td>—</td><td>—</td></tr>
<tr><td>截止阀
节流阀</td><td>直通式（铸造）</td><td>角式（铸造）</td><td>直通式（锻造）</td><td>角式（锻造）</td><td>直流式</td><td>—</td><td>—</td><td>无填料直通式</td><td>压力计用</td><td>—</td></tr>
<tr><td>隔膜阀</td><td>直通式</td><td>角式</td><td>—</td><td>—</td><td>直流式</td><td>—</td><td>—</td><td>—</td><td>—</td><td>—</td></tr>
<tr><td>球阀</td><td>直通式（铸造）</td><td>—</td><td>直通式（锻造）</td><td>—</td><td>—</td><td>—</td><td>—</td><td>—</td><td>—</td><td>—</td></tr>
<tr><td>旋塞</td><td>直通式</td><td>调节式</td><td>直通填料式</td><td>三通填料式</td><td>四通填料式</td><td>—</td><td>油封式</td><td>三通油封式</td><td>液面指示器用</td><td>—</td></tr>
<tr><td>止回阀</td><td>直通升降式（铸造）</td><td>立式升降式</td><td>直通升降式（锻造）</td><td>单瓣旋启式</td><td>多瓣旋启式</td><td>—</td><td>—</td><td>—</td><td>—</td><td>—</td></tr>
<tr><td>蝶阀</td><td>旋转偏心轴式</td><td>—</td><td>—</td><td>—</td><td>—</td><td>—</td><td>—</td><td>—</td><td>—</td><td>杠杆式</td></tr>
<tr><td>疏水器</td><td>—</td><td>—</td><td>—</td><td>—</td><td>钟形浮子式</td><td>—</td><td>—</td><td>脉冲式</td><td>热动力式</td><td>—</td></tr>
<tr><td>减压阀</td><td>外弹簧薄膜式</td><td>内弹簧薄膜式</td><td>膜片活塞式</td><td>波纹管式</td><td>杠杆弹簧式</td><td>气垫薄膜式</td><td>—</td><td>—</td><td>—</td><td>—</td></tr>
<tr><td rowspan="2">弹簧安全阀</td><td colspan="4">封闭</td><td rowspan="2">—</td><td rowspan="2">—</td><td></td><td></td><td rowspan="2">—</td><td>带散热器</td></tr>
<tr><td>微启式</td><td>全启式</td><td>带扳手微启式</td><td>带扳手全启式</td><td>带扳手微启式</td><td>带扳手全启式</td><td>全启式</td></tr>
<tr><td rowspan="2">杠杆式安全阀</td><td colspan="2">单杠式</td><td colspan="2">双杠式</td><td rowspan="2">—</td><td rowspan="2">—</td><td rowspan="2">—</td><td rowspan="2">—</td><td rowspan="2">—</td><td rowspan="2">—</td></tr>
<tr><td>微启式</td><td>全启式</td><td>微启式</td><td>全启式</td></tr>
</table>

第四单元　"密封圈或衬里材料"代号,用汉语拼音字母表示

密封圈或衬里材料	铜合金	耐酸钢或不锈钢	渗氮钢	巴氏合金	硬质合金	铝合金	橡胶	硬橡胶	皮革	聚四氟乙烯	聚氯乙烯	酚醛塑料	尼龙	塑料	衬胶	衬铅	衬塑料	搪瓷
代号	T	H	D	B	Y	L	X	J	P	SA	SC	SD	NS	S	CJ	CQ	CS	TC

第五单元　"公称压力"代号,用公称压力数字直接表示,并用短横线与前四个单元隔开。

第六单元　"阀体材料"代号,用汉语拼音字母表示

阀体材料	灰铸造	可锻铸铁	球墨铸铁	硅铁	铜合金	铅合金	碳钢	铬钼合金钢	铬镍钛钢	铬镍钼钛钢	铬钼钒合金钢	铝合金
代号	Z	K	Q	G	T	B	C	I	P	R	V	L

(1)蝶阀。

蝶阀

蝶阀主要用于低压介质管路上进行全开全闭操作。按传动方式可分为手动、涡轮传动、手动和电动。带传动结构的蝶阀,必须垂直安装。蝶阀的特点是体积小、结构简单、启闭方便、密封可靠。

(2)闸阀。

闸阀是用于一般汽、水管路作全启或全闭操作的阀门,按阀杆所处的状况可分为明杆式和暗杆式,按闸板结构特点分为平行式和楔式。闸阀的特点是安装强度小,无方向性;全开时介质流动小,当管径大于50 mm时应用闸阀。

(3)截止阀。

截止阀主要用来切断介质通路,也可调节流量和压力。截止阀可分直通式、直角式、直流式。截止阀的特点是制造简单,阀门流阻大,安装时注意方向性,即高进低出。

(4)止回阀。

闸阀

截止阀

止回阀

止回阀是利用本身结构和阀前阀后介质的压力差来自动启闭的阀门,它的作用是使介质只做一个方向的流动,阻止其逆向流动,分为升降式和旋启式,常设置在水泵的出口、疏水器的出口管道等地方。

(5)减压阀。

减压阀主要用于蒸汽管路,靠开启阀孔的大小对介质进行节流达到减压的目的,它能以自力作用将阀后的压力维持在一定范围内。减压阀分为活塞式、杠杆式、弹簧薄膜式等。特点是体积小,重量轻,制作难度大,灵敏度低。

(6)球阀。

减压阀

球阀

球阀主要用于管路的快速切断，主要特点是流体阻力小，启闭迅速，结构简单，密封性能好。

(7) 安全阀。

安全阀是一种安全保护性的阀门，主要用于管道和各种承压设备上，当介质工作压力超过压力允许值，安全阀自动打开向外排放介质，随着介质压力降低，安全阀自动关闭。安全阀分杠杆式、弹簧式、脉冲式，适用于锅炉房管道。

安全阀

2　阀门的标准

《通用阀门法兰连接钢制截止阀和升降式止回阀》(GB/T 12235)。

《通用阀门 钢制旋启式止回阀》(GB 12236)。

《通用阀门 铁制旋启式止回阀》(GB/T 13932)。

《通用阀门 铁制截止阀与升降式止回阀》(GB 12233)。

《对夹式止回阀》(JB/T 8937)。

《通用阀门 法兰连接铁制闸阀》(GB/T 12232)。

《通用阀门法兰、对焊连接钢制闸阀》(GB/T 12234)。

《管线用钢制平板闸阀》(JB/T 5298)。

《铁制和铜制螺纹连接阀门》(GB/T 8464)。

《内螺纹连接闸阀、截止阀、球阀、止回阀》(GB 8465)。

《通用阀门法兰和对夹连接蝶阀》(GB/T 12238)。

《通用阀门法兰和对焊连接钢制球阀》(GB/T 12237)。

《铁制和铜制球阀》(GB/T 15185)。

《管线球阀》(JB/T 7745)。

《法兰型钢制球阀》(ISO 7121)。

《浮球阀》(QB/T 1199)。

《减压阀一般条件》(GB/T 12244)。
《减压阀性能试验方法》(GB/T 12245)。
《先导式减压阀》(GB/T 12246)
《铁制旋塞阀》(GB/T 12240)。
《钢制旋塞阀》(GB/T 22130)。

3　阀门的验收

1. 规格、型号、数量、品牌验收

全部符合合同及订货清单要求。

2. 资料验收

进场产品必须有国家认可机构出具的产品质量检验报告(需要加盖公章,公章必须是红章),产品合格证原件,特殊阀门需有生产压力管道、消防器材专用许可证,如果没有检验报告和产品合格证,拒收材料。

3. 实物验收

(1)检查包装、标志、品牌、型号、数量是否全部符合合同订货清单的要求,如发现有不符的地方不得验收。

(2)阀体上的标志必须包括:通径(DN)、公称压力(PN)、受压部件材料代号、工作温度、工作介质、制造厂名或商标、介质流向的箭头等标志。

(3)外观质量验收:外观不得有裂纹、孔洞、砂眼、气孔、割疤、结疤、焊疤等,手柄、手轮操作灵活、轻便。

(4)法兰锻造表面应光滑,不得有锻造伤痕、裂纹;机加工表面不得有毛刺、有害的划痕。

4. 验收抽检数量

每一规格应不少于 10%,且不少于 3 个;主切断阀门 100%。

5. 后期管理

材料员填写《到货物资记录》并通知专业工长、甲方、现场监理共同参与验收。

4　阀门的储存与保管

(1)阀门存放:阀门出入库房,应按照铭牌上的主要内容进行登记、建账。

(2)阀门宜放置在室内库房,并按阀门的规格、型号、材质分别存放。对不允许铁污染的钛材等有色金属阀门和超低碳不锈钢阀门,放置、保管时,应采取防护措施。

(3)外露阀杆的部位,应涂润滑脂进行保护。

(4)除塑料和橡胶密封面不允许涂防锈剂外,阀门的其他关闭件和阀座密封面应涂工业用防锈油脂。

(5)阀门的内腔、法兰密封面和螺栓螺纹应涂防锈剂进行保护。

(6)阀门试验合格后,内部应清理干净,阀门两端应加防护盖。

3.20　卡箍管件的一般知识及验收和保管

卡箍管件的一般知识及验收和保管

1　卡箍管件的一般知识

(1)卡箍管件:是用于管与管之间的连接、变径、改变流向的连接件,是沟槽式连接管道系统上采用的卡箍、弯头、三通、四通、异径管等管件的通称。用于连接的管件一般要配备卡式接头才能使用,两端卡式接头中间夹一个密封圈,然后套上管件锁紧固定。卡箍管件连接也称沟槽管件连接,已成为当前液体、气体管道连接的首推技术,并已逐渐取代了法兰和焊接的两种传统管道连接方式。沟槽管件连接应用,使复杂的管道连接工序变得简单、快捷、方便。以下主要介绍消防用的卡箍管件。

(2)卡箍管件种类及适用范围。

种类:主要包括机械三通、机械四通、90°弯头、45°弯头、22.5°弯头、正三通、异径三通、正四通、异径四通、同心大小头、偏心大小头、单片法兰、短管法兰、盲片等。

规格型号:公称通径:DN25 ~ DN600 mm。

额定工作压力:符合 PN1.2 MPa、PN1.6 MPa、PN2.5 MPa 等系列压力。

卡箍

90° 弯头

机械四通

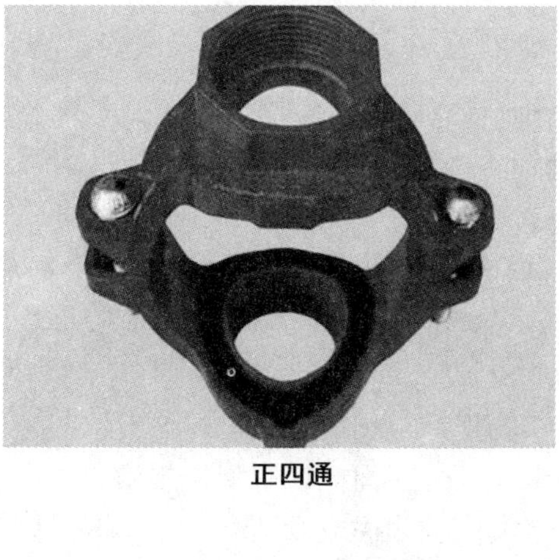
正四通

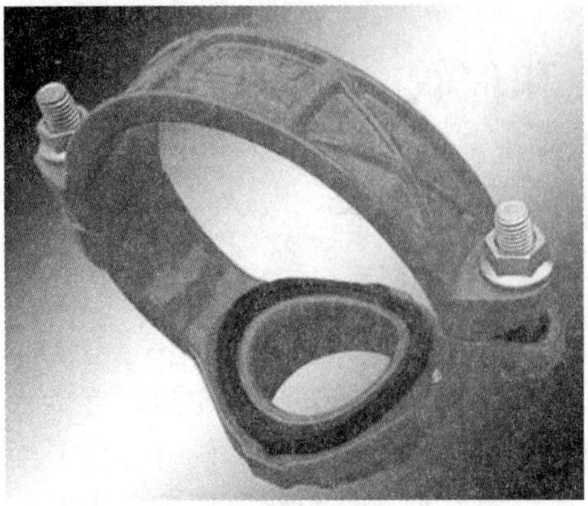

机械三通

转换法兰

异径管

盲片

2　卡箍管件的标准

《沟槽式管接件》(GB 5135.11—2006)。

3　卡箍管件的验收

1. 品牌、型号、规格、数量验收

全部符合合同及订货清单要求。

2. 资料验收

进场产品必须有国家认可机构出具的产品质量检验报告(需要加盖公章,公章必须是红章),产品合格证原件,如果没有检验报告和产品合格证,材料拒收。

3. 实物验收

(1)实物样品与现场材料进行比对。

(2)卡箍管件表面应标有型号规格、生产单位名称或商标、额定工作压力。

(3)卡箍管件表面应光洁平整,无加工缺陷及磕碰损伤,不允许有裂纹缩孔、冷隔、夹渣、气孔、疤痕等现象。

(4)卡箍管件表面涂层应均匀牢固,无气泡或漆块堆积。

(5)橡胶密封圈密封面上不应有气泡、杂质、裂口和凹凸不平等缺陷。

(6)产品包装中应附有使用说明书和合格证。

4. 验收抽检数量

采用随机抽样法,抽样基数100只,抽样数量沟槽式管接件15只。

4　铸铁管材的储存与保管

(1)卡箍管件在装卸时应防止撞击,运输时应防雨减震。

(2)卡箍管件应按规格分类别堆放。

(3)卡箍管件应堆放在通风、干燥的库房内。

(4)卡箍管件堆放时应避免与腐蚀性物质共同储存,储存温度(-10~+40)℃。

(5)同种材料按入库先后分别堆码,并应遵守“先进先出”原则。

3.21　消火栓箱的一般知识及验收和保管

消火栓箱的一般知识及验收和保管

1　消火栓箱的一般知识

1. 消火栓箱

消火栓箱是安装在建筑物内的消防给水管路上,由箱体、室内消火栓、消防接口、水带、水枪、消防软管卷盘及电气设备等消防器材组成的具有给水、灭火、控制报警等功能的箱状固定式消防装置。

2. 消火栓箱的用途

消火栓箱适用于具有室内消防供水系统的厂房、库房、高层建筑及其他公共建筑,对扑救固体物质火灾极为有效。

3. 消火栓箱的分类

消火栓箱按安装方式可分为:明装式、暗装式、半暗装式。

消火栓箱按箱门型式可分为:

a)左开门式;b)右开门式;c)双开门式;d)前后开门式。

消火栓箱按箱门材料可分为:

a)全钢型;b)钢框镶玻璃型;c)铝合金框镶玻璃型;d)其他材料型。

消火栓箱按水带安置方式可分为:

a)挂置式;b)盘卷式;c)卷置式;d)托架式。

4. 消火栓箱型号的表示方法

消火栓箱型号由“基本型号”和“形式代号”两部分组成,其形式如下:

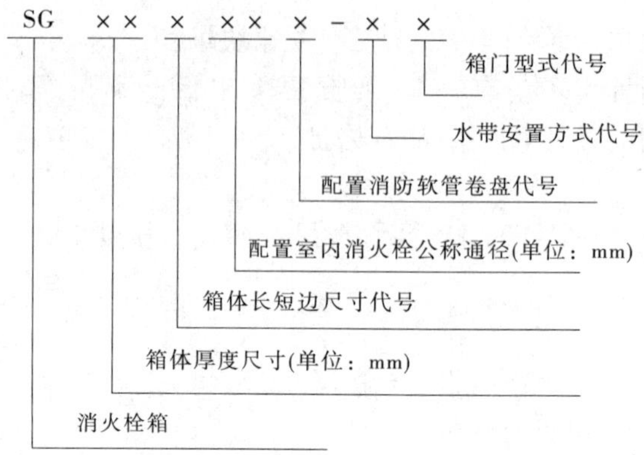

5. 型式代号

(1)水带安置方式代号。

水带为挂置式,不用代号表示,其余方式分别用下述代号表示：

“P”(盘)——盘卷式;“J”(卷)——卷置式;“T”(托)——托架式。

(2)箱门型式代号。

箱门为单开门型式,不用代号表示,其余型式分别用下述代号表示：

“S”(双)——双开门式;“H”(后)——前后开门式。

2　消火栓箱的标准

消火栓箱的标准:GB 14561—2003。

3　消火栓箱的验收

1. 品牌、规格、型号、数量验收

全部符合合同及订货清单要求。

2. 资料验收

进场产品必须有国家认可机构出具的产品质量检验报告(需要加盖公章,公章必须是红章),产品合格证原件,新型材料应有具备鉴定资格的单位出具的鉴定证书;如果没有检验报告和产品合格证,拒收材料。

3. 实物的验收

(1)实物样品与现场材料进行比对。

(2) 栓箱箱门正面应以直观、醒目、均匀的字体标注“消火栓”字样。

(3)箱体内外表面防腐处理涂层应均匀一致、平整光亮。明装式栓箱的箱体外表及其他型式栓箱的外露部位涂层应色泽美观,不得有流痕、气泡、凹凸不平、剥落、磕碰等缺陷。

(4)箱体的焊缝或焊点应平整均匀、焊接牢靠、无烧穿、疤瘤等焊接缺陷;铆接应严实美观、铆钉排列应整齐,连接应紧固无歪斜。

(5)箱门开启应轻便灵活,无卡阻现象。箱门关闭到位后,应与四周框面平齐,不平

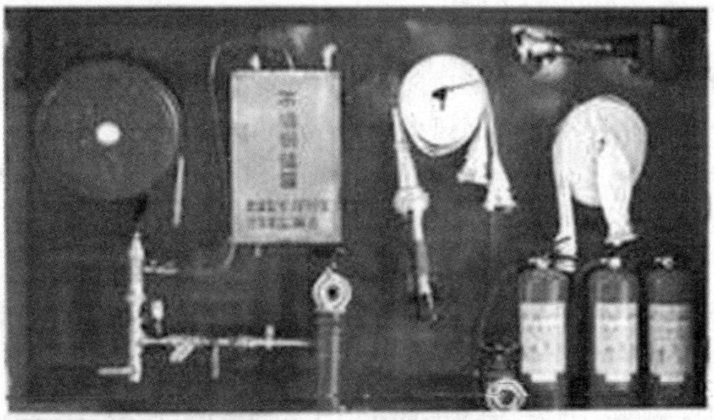

的最大允许误差为 2 mm。箱门与框的间隙应均匀平直，最大间隙不超过 2.5 mm。

(6)栓箱正面上的零部件，凸出箱门外表面的高度不得大于 15 mm；其余各面的零部件，凸出该面外表面的高度不得超过 10 mm。

(7)箱体应使用厚度不小于 1.2 mm 的薄钢板或铝合金材料制造，镶玻璃的箱门玻璃厚度不得小于 4 mm。

4. 验收抽检数量

抽样方法采取随机抽样，每 50 台消火栓箱为一抽样批量，抽检数为 2 台；不满 50 台时也必须抽检 2 台。

4　消火栓箱的储存与保管

(1)消火栓箱在堆放和装卸时应防止重压、避免碰撞。
(2)消火栓箱应储存在干燥通风的库房或简易棚内,防止受潮。
(3)消火栓箱在存放时不允许倒置。
(4)消火栓箱在堆放时应避免与腐蚀性物体共同储存。

3.22　安装常用保温材料的一般知识及验收和保管

安装常用保温材料的一般知识及验收和保管

1　保温材料的一般知识

保温材料是指对热流具有显著阻抗性的材料复合体。保温材料性能的好坏是由材料导热系数的大小所决定的,导热系数越小,保温性能越好。安装上常用的保温材料有岩棉管、玻璃棉管、橡塑管玻璃棉板、橡塑保温管、橡塑保温板。

(1)岩棉管。

岩棉管是以玄武岩及其他天然矿石等为主要原料,经高温熔融成纤,加入适量黏结剂和防尘油经加温固化制作而成的。岩棉管具有导热系数低、使用温度高、防火不燃、施工便利等优点。可用于各种管道的保温节能和防冻。

岩棉管规格

名称	规格(mm)	密度(kg/m^3)	厚度(mm)	长度(mm)
岩棉管壳	22～1 220	80～160	30～200	1 000

(2)玻璃棉管。

玻璃棉管属于玻璃纤维中的一个类别,是一种人造无机纤维。玻璃棉是将熔融玻璃纤维化,形成棉状的材料,化学成分属玻璃类,是一种无机质纤维,具有成型好、体积密度小、热导率低、保温绝热、吸声性能好、耐腐蚀、化学性能稳定等优点。玻璃棉管壳也可用

于各种类型的保冷、热管道和隐藏、外露管道的绝热保温。

玻璃棉管的规格如下：

名称	规格(mm)	密度(kg/m^3)	厚度(mm)
玻璃棉管壳	22～1 220	30～80	30～100

玻璃棉板的规格如下：

名称	密度(kg/m^3)	厚度(mm)	长度(mm)	宽度(mm)
玻璃棉板	24～96	25～100	600～2 400	600～1 200

(3)橡塑保温管。

橡塑保温管是采用性能优异的丁腈橡胶/聚氯乙烯(NBR/PVC)主体材料，并引进国内外最新技术和一流的全自动连续生产线，经复杂工艺发泡而成的软质高档保温节能材料，适用于各类冷热介质管道、容器的保温。

橡塑保温管型号有 DN13、DN16、DN19、DN22、DN25、DN27、DN32、DN43、DN48、DN57、DN76、DN89、DN108。

橡塑保温板厚度尺寸有 9 mm、10 cm、13 cm、15 cm、18 cm、20 cm、23 cm、25 cm、28 cm、30 cm。

2　保温材料的标准

(1)GB/T 11835《岩棉管材标准》。

(2)GB/T 13350《玻璃棉标准》。

(3) GB/T 17794—2008《橡塑保温材料执行标准》。

3 保温材料的验收

1. 品牌、规格、型号、数量验收

全部符合合同及订货清单要求。

2. 资料验收

进场产品必须有国家认可机构出具的产品质量检验报告(需要加盖公章,公章必须是红章),产品合格证原件,新型材料应有具备鉴定资格的单位出具的鉴定证书;如果没有检验报告和产品合格证,拒收材料。

3. 实物的验收

(1)实物样品与现场材料进行比对。

(2)岩棉管验收。

①目测:岩棉管色泽均匀,无烧焦、结疤现象,管身无破损、管壁厚,无肉眼可见的偏差。

②强度检测:57 mm 以下的管壳,手持一端平举,管子应垂直、无折断;57 ~ 325 mm 的管壳,平举 1.5 m 处,自由落下,管壳应无明显的变形,更不应破裂;325 mm 及以上的管壳到厂后,应无明显的变形、破裂现象。

③工具检测:用直尺检测管壳的内径、壁厚、长度。其中长度的允许偏差(-3 ~ +5) mm;管厚 50 mm 以下的允许偏差(-2 ~ +4) mm,50 mm 及以上的允许偏差(-3 ~ +5) mm;内径 100 mm 以下的允许偏差(-1 ~ +3) mm,内径 100 mm 以上的允许偏差(-1 ~ +4) mm。

④用火机点一块撕下的岩棉管,当火机熄灭时,岩棉管应随即熄灭。

(3)岩棉板验收。

①岩棉板色泽均匀,无烧焦、结疤现象,板内无夹杂,板厚无肉眼可见的偏差。

②强度检测:取一包置于地面,双手置于包上下压,应无明显的凹陷现象,取出一块岩棉板置于地上,一只脚踩下,应无明显的凹陷感觉,放下脚后,岩棉板能恢复原状。

③工具检测:用直尺检测岩棉板的长度、宽度、厚度,其中长度的偏差(-3 ~ +15) mm,宽度、厚度的偏差(-3 ~ +5) mm。

④可燃性检测:用火机点一块撕下的岩棉板,当火机熄灭时,岩棉板应随即熄灭。

(4)玻璃棉管的验收。

①目测:玻璃棉管色泽均匀,表面平整,纤维分布均匀,没有妨碍使用的伤痕、污迹、破损,轴向无翘曲且端面垂直。

②强度检测:平举 1.5 m 处,自由落下,管壳应无明显的变形,更不应破裂。

③工具检测:用直尺检测管壳的内径、壁厚、长度,其中长度的允许偏差(-3 ~ +5) mm;管厚 30 mm 以下允许偏差(-2 ~ +3) mm,30 mm 及以上的允许偏差(-2 ~ +5) mm;内径 108 mm 以下的允许偏差(-1 ~ +3) mm,内径 108 ~ 219 mm 的允许偏差(-1 ~ +4) mm,内径 219 mm 及其以上的允许偏差(-1 ~ +5) mm。

④可燃性检测:用火机点一块撕下的玻璃丝棉管壳,当火机熄灭时,玻璃丝棉管壳应

随即熄灭。

(5)玻璃棉板。

①目测:表面应平整,不得有妨碍使用的伤痕、污迹、破损,树脂分布基本均匀。

②强度检测:取一包置于地面,双手放包上下压,有轻微的凹陷现象,放力后立即恢复。

③工具检测:用直尺检测玻璃丝棉板长度的允许偏差(-3 ~ +10) mm、宽度允许偏差(-3 ~ +10) mm。

④可燃性检测:用火机点一块撕下的玻璃丝棉板,当火机熄灭时,玻璃丝棉板应随即熄灭。

4. 验收抽检数量

每批次同一规格型号管材到场数量的1%,并不少于 3 捆;每批次同一规格型号管件不少于5 套。

4　保温材料的储存与保管

(1)保温材料应分类码放整齐,底垫木不低于10 cm,分层码放时,高度不超过1.8 m。

(2)保温材料存放时应尽量堆放在库房或简易棚内,防雨、防潮。

(3)保温板搬运时应轻放,防止损伤断裂,缺棱掉角,保证外形完整。

3.23　水表的一般知识及验收和保管

水表的一般知识及验收和保管

1　水表的一般知识

1. 水表

水表是一种测量水使用量的装置,用以累计流过管道中水的总量的流量测量仪表。常见于自来水的用户端,其度数是用以计算水费的依据。水表通常总测量单位为立方英尺(ft^3)或是立方米(m^3)。

2. 水表的分类

(1)按测量原理分。

①速度式水表:安装在封闭管道中,由一个运动元件组成,并由水流运动速度直接使其获得动力速度的水表。

典型的速度式水表有旋翼式水表、螺翼式水表。旋翼式水表中又有单流束水表和多流束水表。

②容积式水表:安装在管道中,由一些被逐次充满和排放流体的已知容积的容室和凭借流体驱动的机构组成的水表,或简称定量排放式水表。容积式水表一般采用活塞式结构。

(2)按公称口径分。

按公称口径通常分为小口径水表和大口径水表。

公称口径 50 mm 及以下的水表通常称为小口径水表,公称口径 50 mm 以上的水表称为大口径水表。这两种水表有时又称为民用水表和工业用水表,同时这种分法也可以从水表的表壳连接形式区别开来,公称 50 mm 及以下的水表用螺纹连接,50 mm 及以上的水表用法兰连接。但有些特殊类型的水表也有 40 mm 用法兰连接的。

(3)按用途分。

按用途分为民用水表和工业用水表。

(4)按介质温度分。

按介质温度可分为冷水水表和热水水表,水温 30 ℃是其分界线。

①冷水水表:介质下限温度为 0 ℃、上限温度为 30 ℃的水表。

②热水水表:介质下限温度为 30 ℃、上限为 90 ℃或 130 ℃或 180 ℃的水表。各个国家的要求都有些微区别,有些国家冷水表上限可达 50 ℃。

(5)按介质压力分。

按使用的压力可分为普通水表和高压水表。在中国,普通水表的公称压力一般均为 1 MPa。高压水表是最大使用压力超过 1 MPa 的各类水表,主要用于流经管道的油田地下注水及其他工业用水的测量。

(6)按计数器浸水状况分。

按计数器是否浸入水中来区分,分为湿式水表、干式水表、液封水表。

①湿式水表:计数器浸入水中的水表,其表玻璃承受水压,传感器与计数器的传动为齿轮联动,使用一段时间后水质的好坏会影响水表读数的清晰程度。

②干式水表:计数器不浸入水中的水表,结构上传感器与计数器的室腔相隔离,水表表玻璃不受水压,传感器与计数器的传动一般用磁钢传动。

③液封水表:用于抄表的计数字轮或整个计数器全部用一定浓度的甘油等配制液体密封的水表,密封隔离的计数器清晰度不受外部水质的影响,其余结构性能与湿式水表相同。

以下主要介绍旋翼式水表和螺翼式水表。

旋翼干式单流水表　　旋翼立式水表　　旋翼湿式水表

3. 水表产品型号的组成

水表产品型号的组成一般如下:

第一节用大写汉语拼音表示,其中第一位是产品所属的大类,即水表归属的流量仪表类别,用“L”表示,第二位是产品所属的小类,即水表,用“X”表示;第三、四位表示该产品的工作原理、结构、功能、特点等。详细规定见下表。

水平螺翼式水表

垂直螺翼式水表

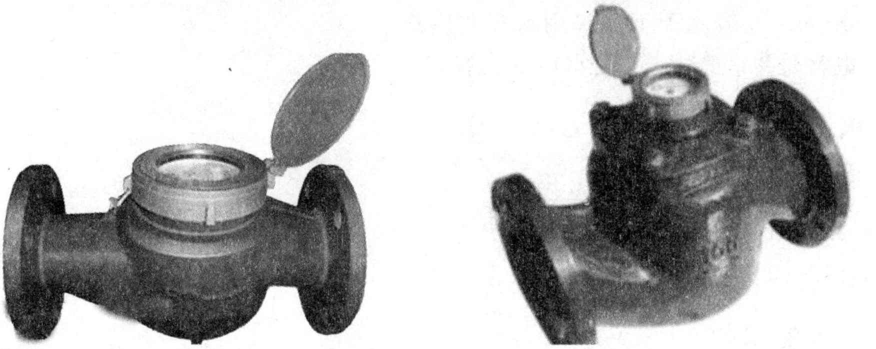

垂直螺翼式水表

A B C D —— 1 2 3 4

第一位 第二位 第三位 第四位 第一位 第二位 第三位 第四位

第一节 第二节

水表型号命名的符号含义

代号	名称	备注
LX	水表	第 1 位 L 代表流量计,第 2 位代表水表
LXS	旋翼式水表	第 3 位 S 代表旋翼式
LXL	水平螺翼式水表	第 3 位 L 代表水平螺翼式
LXR	垂直螺翼式水表	第 3 位 R 代表垂直螺翼式
LXF	复式水表(组合式)水表	第 3 位 F 代表复式
LXD	定量水表	第 3 位 D 代表定量
R	热水水表	第 4 位 R 代表热水
L	立式水表	第 4 位 L 代表立式
N	正逆流水表	第 4 位 N 代表正逆流
G	干式水表	第 4 位 G 代表干式
Y	液封水表	第 4 位 Y 代表液封
C	可拆卸式水表	第 4 位 C 代表可拆卸式

第二节用阿拉伯数字和字母表示，反映水表的公称口径，指示装置型式和产品的设计顺序号（旋翼式水表）等，设计顺序号中：

A 代表基型、7 位指针、组合叶轮、标度 1 L；

B 代表组合叶轮、8 位指针、最小检定分度 1 L；

C 代表整体叶轮、8 位指针、最小检定分度 0.1 L；

E 代表整体叶轮、4 位指针、4 位字轮组合式计数器、最小检定分度 0.1 L。其中 A 型表是原统一设计水表第一次改进设计型，现已列入淘汰产品，不再生产。

说明：基型水表在行业中又俗称"七位指针水表"。

口径 15 mm、20 mm、25 mm 是一般家用水表。口径 40 mm、50 mm、80 mm、100 mm、150 mm、200 mm 一般用于工业和用水多的用户。

口径也就是水表进水口、出水口的直径。

2　水表的标准

GB/T 778.1—2007 冷水水表。

CJ/T 224—2012 电子远传水表。

CJ/T 133—2012 IC 卡冷水水表。

3　水表的验收

1. 规格、型号、数量、品牌验收

全部符合合同及订货清单要求。

2. 资料验收

进场产品必须有国家认可机构出具的产品质量检验报告（需要加盖公章，公章必须是红章），产品合格证原件，新型材料应有具备鉴定资格的单位出具的鉴定证书；如果没有检验报告和产品合格证，材料拒收。

3. 实物的验收

（1）实物样品与现场材料进行比对。

（2）水表表壳铸造应规矩、无砂眼、裂纹、表玻璃盖无损坏、铅封完整。

（3）所有水表都必须清楚、永久性地在表壳、指示装置度盘或一个铭牌上集中或分散标识制造厂的厂名或商标、计量等级、水表代号、出厂编号、流动方向的一个或两个箭头等标识，能拆的水表盖绝不能用于此种用途。

4　水表的储存与保管

（1）水表应按规格型号分类堆放。

（2）水表在货架上储存时，整箱叠放高度不超过 5 箱。

（3）水表应在原包装内，环境温度 -5 ~ 55 ℃，空气中无腐蚀性气体的环境中储存。

（4）水表在堆放时，应轻抬轻放，严禁抛落拖滚、互相撞击。

3.24　卫生器具的一般知识及验收和保管

卫生器具的一般知识及验收和保管

1　卫生器具的一般知识

1. 卫生器具

卫生器具是指建筑内部排水系统的重要部分，是用来满足生活和生产过程中的卫生要求、收集和排除生活及生产中产生的污、废水的设备。卫生器具一般采用不透水、无气孔、表面光滑、耐腐蚀、磨损、耐冷热、便于清扫，有一定强度的材料制造，如陶瓷、陶瓷生铁、塑料、复合材料等。

2. 常用卫生器具的分类

(1) 便溺用卫生器具：大便器、大便槽、小便器、小便槽等。

(2) 盥洗、沐浴用卫生器具：洗脸盆、盥洗槽、盆浴、淋浴器、妇女卫生盆等。

(3) 洗涤用卫生器具：洗涤盆、污水盆、化验盆、地漏等。

卫生陶瓷产品的最大允许变形量

产品名称	安装面	表面	整体	边缘
坐便器	3	4	6	—
洗面器	3	6	20 mm/m 最大 12	4
小便器	5	20 mm/m 最大 12	20 mm/m 最大 12	—
蹲便器	6	5	8	4
净身器	3	4	6	—
洗涤槽	4	20 mm/m 最大 12	20 mm/m 最大 12	5
水箱	底 3 墙 8	4	5	4
浴缸	—	20 mm/m 最大 16	20 mm/m 最大 16	—
淋浴盆	—	20 mm/m 最大 12	20 mm/m 最大 12	—

注：形状为圆形或艺术造型的产品，边缘变形不作要求。

2　卫生器具的标准

《卫生陶瓷》(GB/T 6952—2005)。

3 卫生器具的验收

材料进入施工现场材料员进行初步验收。

1. 资料验收

进场产品必须有国家认可机构出具的产品质量检验报告（需要加盖公章，公章必须是红章），产品合格证原件，安装使用说明书，进口材料应有商检证明，中文版质量证明文件和安装使用说明书。

2. 实物验收

（1）品牌、规格、型号、数量验收：全部符合合同订货清单要求。

（2）外观质量验收：卫生器具的外观应规矩、造型周正、表面光滑，无裂纹、凸凹不平、密集小泡、划痕及外力冲击破损，器具表面色彩均匀，进出水口平整，进出水口距离、尺寸符合合同订货清单要求。

3. 验收抽检数量

卫生器具抽检数量 100%。

材料员验收合格，填写到货物资记录并通知专业工长、甲方、现场监理共同参与验收。

4 卫生器具的储存与保管

（1）搬运时，应轻拿轻放，严禁摔扔，以防破损。

（2）产品应按类别、品种、规格分别整齐堆放。

（3）在室外堆放时应有防雨设施，不能在 0 ℃以下水的环境中储存。

3.25 低压配电箱的一般知识及验收和保管

低压配电箱的一般知识及验收和保管

1 配电箱一般知识

配电箱是按电气接线要求将开关设备、测量仪表、保护电器和辅助设备组装在封闭或半封闭金属柜中或屏风上，构成低压配电装置。低压成套开关设备和控制设备俗称低压开关柜，亦称低压配电柜。习惯上将建筑工程上用的配电箱分为强电箱、弱电箱。强电箱主要是 220/380 V 低压设备，按功能可分为动力配电箱、照明配电箱。弱电箱包括电视箱、电话箱、多媒体箱、等电位端子箱。建筑工地上按配电系统的组成和作用，又将配电箱分为总配电箱、分配电箱、开关箱三种。

（1）动力配电箱。

动力配电箱主要负荷为动力或照明与动力共同使用，以及为照明负荷提供电源的大容量配电箱（超出 63 A）。动力配电箱输入是三相电源（380 V）；只允许专业人员进行操作。

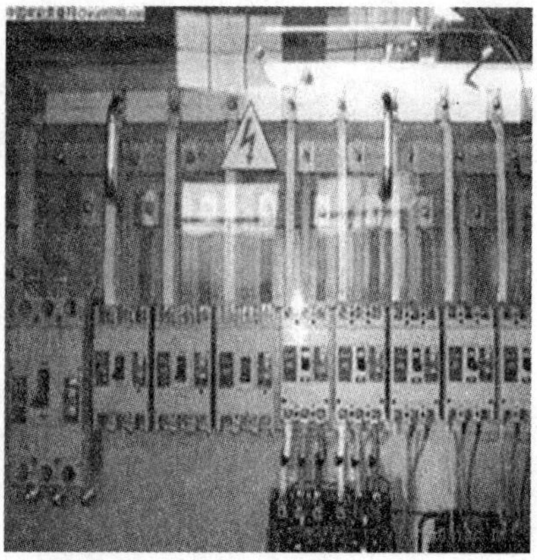

(2)照明配电箱。

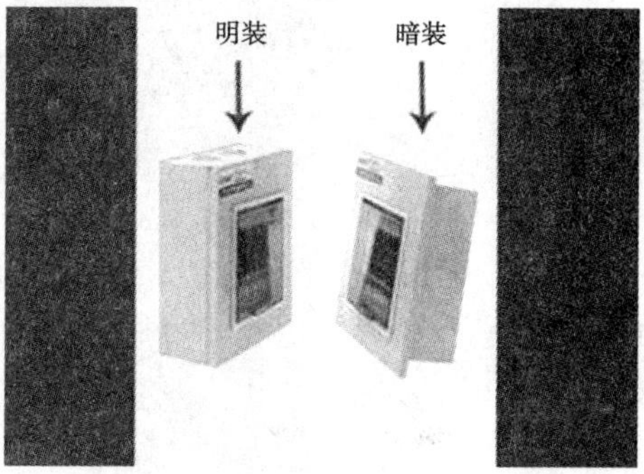

照明配电箱结构上按安装方式分为封闭悬挂式(明装)和嵌入式(暗装)两种。主要结构分为箱壳、面板、安装支架、中性母线排、接地母线排等部件。照明配电箱输入的可以是三相电源(380 V),也可以是单相电源(220 V);照明电源使用,一般需把三相电源按照负载平均分配,使之成为单相电源使用。

(3)电话箱。

(4)多媒体箱。

多媒体箱为较弱电压线路的集中箱,将网线、电话线、电脑的显示器、USB 线、电视的 VGA 线等都可以放置其中。

(5)等电位端子箱。

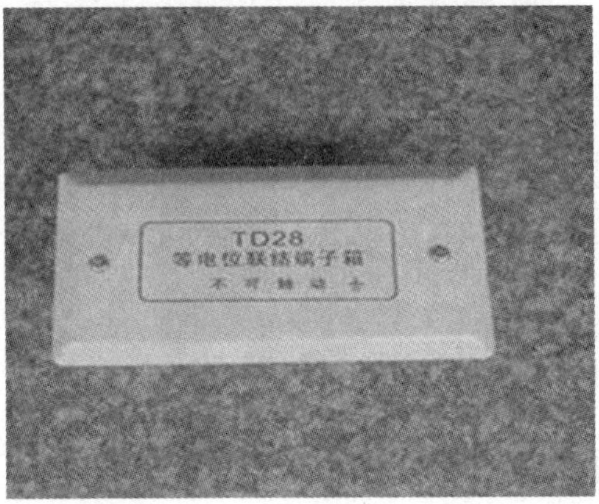

等电位端子箱是将建筑物内的保护干线，水煤气金属管道，采暖和冷冻、冷却系统，建筑物金属构件等部位进行联结，以满足规范要求的接触电压小于 50 V 的防电击保护电器。是现代建筑电器的一个重要组成部分，被广泛应用于高层建筑。

(6)一级配电箱(总配电箱)。

一级配电箱是控制施工现场全部供电的集中点,应设置在靠近电源地区。电源由施工现场用电变压器低压侧引出的电缆线接入,并装设电流互感器、有功电度表、无功电度表、电流表、电压表及总开关、分开关、漏电保护开关。引入、引出线应穿管并有防水弯。从一级总配电箱(配电柜)向二级分配电箱配电可以分路,即一个总配电箱(配电柜)可以分若干分路向若干分配电箱配电。

(7)二级配电箱(分配电箱)。

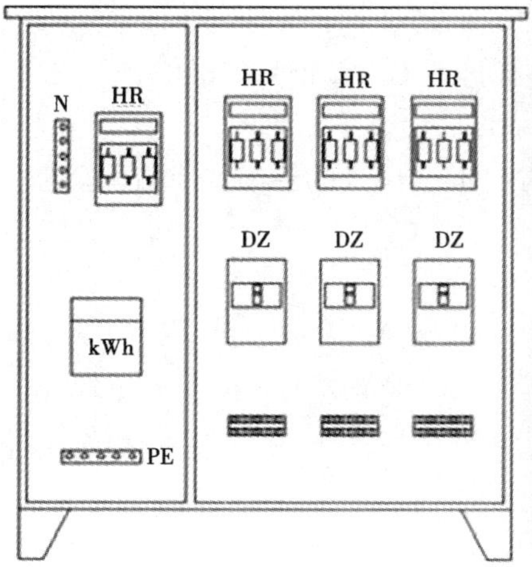

二级配电箱就是分配电箱,一般负责一个供电区域。从二级分配电箱向三级开关箱配电同样可以分路,即一个分配电箱可以分若干支路向若干开关箱配电。

(8)三级配电箱(开关箱)。

开关箱是末级分配电箱配电。开关箱内应一机一闸,每台用电设备应有自己的开关箱。严禁用一个开关电器直接控制两台及以上的用电设备。即每一开关箱只能连接控制一台与其相关的用电设备(含插座)。

2　配电箱的用途

(1)便于管理,当发生电路故障时有利于检修。

(2)配电箱和配电柜、配电盘、配电屏等,是集中安装开关、仪表等设备的成套装置。

(3)常用的配电箱有木制和铁板制两种。

(4)配电箱的用途:当然是方便停、送电,起到计量和判断停、送电的作用。

3　验收标准

(1)《电气装置安装工程低压电器施工及验收规范》(GB 50254—2014)。

(2)《外壳防护等级(IP 代码)》(GB 4208—2008)。

(3)《低压成套开关设备》(GB 7251—2013)。

(4)《建筑电气工程质量验收规范》(GB 50303—2012)。

(5)《电气装置安装工程电气设备交接试验标准》(GB 50150—2010)。

(6)《成套低压开关设备和控制设备》(IEC 439—1)。

不同的配电箱图纸及设计要求不同,验收时应根据设计的标准要求进行验收。

4　配电设备进场验收要求

1. 资料验收

产品合格证,检验报告,CCC 认证标志。

2. 品牌、规格、型号、数量验收

全部符合合同订货清单要求。

3. 质量验收

(1)箱体应光洁,内外涂层完整,不掉漆,无明显凹痕和机械损伤,箱体上锁具应开启自如,箱体壁厚达到合同及图纸要求。

(2)箱内配线整齐,无绞线现象,导线连接紧密,不伤线芯,无断股,箱内开关分合动作可靠。

(3)箱内电气元器件规格、型号、品牌与合同图纸要求相符。

4. 验收抽检数量

户内箱不少于 10%,其他箱体 100%。

5　低压配电设备的保管

(1)箱体应保存于通风干燥的地方。

(2)箱内电器元件入库保管,库房内应有防水防潮措施。

3.26　电线、电缆的一般知识及验收和保管

电线、电缆的一般知识及验收和保管

1　电线、电缆的一般常识

建筑工程常用的电线电缆制品有电线、电缆、通信电缆、光纤等。

电线和电缆并没有严格的界限。通常将芯数少、产品直径小、结构简单的产品称为电线，没有绝缘的称为裸电线，其他的称为电缆；电线是由一根或几根柔软的导线组成的，外面包以轻软的护层；电缆是由一根或几根绝缘包导线组成的，外面再包以金属或橡皮制的坚韧外层。

电缆与电线一般都由芯线、绝缘包皮和保护外皮三部分组成。电缆一般有 2 层以上的绝缘，多数是多芯结构，绕在电缆盘上，长度一般大于 100 m。电线一般是单层绝缘，单芯，100 m 一卷，无线盘。

电缆常见型号：VV 表示：聚氯乙烯绝缘（第一个 V），聚氯乙烯护套（第二个 V）；YJV22 表示：交连聚氯乙烯绝缘（YJ），聚氯乙烯护套（V），钢带铠装（22）：型号加“ZR”或“FR”的为阻燃电缆（电线）。

电线的型号：BVV——聚氯乙烯绝缘和护套铜芯线，BV——聚氯乙烯绝缘铜芯线，BVR——聚氯乙烯绝缘铜芯软线，BX——橡皮绝缘铜芯线，RHF——氯丁橡套铜芯软线。加“L”为铝线。常用塑铜电线的规格有 BV1.5、BV2.5、BV4、BV6、BV10、BV16、BV25、BV35 等。

1. BV 塑铜线

BV 塑铜线全称聚氯乙烯绝缘铜芯线，即一般用途为单芯硬导体无护套电缆，也就是我们日常生活中使用的普通绝缘电线、家装电线，是最常用的电线类型。具有抗酸碱、耐油性、防潮、防霉等特性。

(1)BV 的单丝直径及根数。

圆的面积公式:半径×半径×3. 14(圆周率)。如 BV2. 5 的,国标直径为 1. 78 mm,半径即为 0. 89 mm。故截面面积为:0. 89×0. 89×3. 14 =2. 487 194 约等于 2. 5 mm^2。

以下类推,1 ~6 m^2 均为单芯直径,10 m^2 以上为多芯。

BV 电线单丝直径及根数

序号	型号	规格	单丝直径(mm)	根数
1	BV	1	1. 13	
2	BV	1. 5	1. 38	
3	BV	2. 5	1. 78	
4	BV	4	2. 25	
5	BV	6	2. 76	
6	BV	10	1. 35	7
7	BV	16	1. 70	7
8	BV	25	2. 14	7
9	BV	35	2. 52	7
10	BV	50	1. 82	19
11	BV	70	2. 14	19
12	BV	95	2. 52	19
13	BV	120	2. 52	24

(2)BV 线直径误差允许范围:看是单芯还是多芯的,BV6 以下的都是单芯的,单芯的话,测量出的直径计算出的横截面面积在国家标准里面是允许上下浮动 3 个百分点的。BV6 以上的都是多芯的了,一般是 7 根线,测量出每根的直径后测量单根的横截面面积,这种误差会比单芯的大一些,多芯的话,测量出的直径计算出的横截面面积在国家标准里面是允许上下浮动 5 个百分点的。

2. BVR——聚氯乙烯绝缘铜芯软线

(1)从生产工艺上说,BV 是单芯的,BVR 是多芯的,在制作上,BVR 比 BV 复杂一点。

(2)从价格上说,BV 由于只有工艺,BVR 要比 BV 贵一点。

(3)在性能上,BV 与 BVR 基本相同,重量上 BVR 略重一点。

3. 铝芯聚氯乙烯绝缘电线,符号 BLV

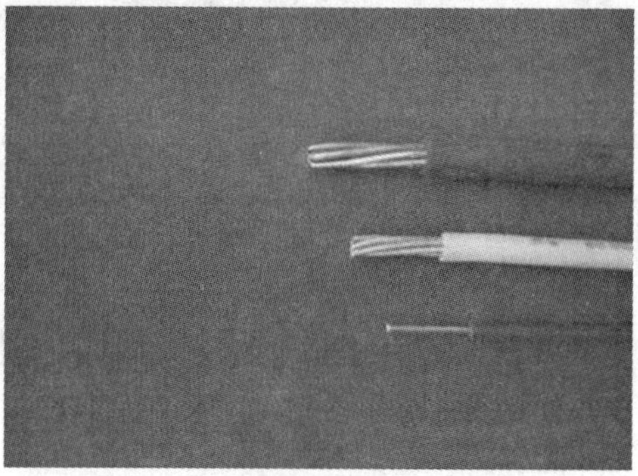

导体材料为铝的电线,已使用较少

4. YJV 铜芯交联聚乙烯绝缘聚氯乙烯护套电力电缆

(1)YJV 电缆是电力电缆中最常用的一种,YJV 电缆由内而外的组成部分分别为导体、聚乙烯绝缘体、填充物(尼龙、PVC 复合材料等)、聚氯乙烯外护套。一般将 YJV 电缆分为超高压、高压、中压、低压电缆四种,而平时使用最多的就是低压电力电缆,中、低压电力电缆(35 kV 及以下)。

(2)YJV 电缆产品分类:普通型、阻燃型、耐火型、低烟无卤型。

(3)YJV 电缆可以是单根,也可以是多根导体共同组成,YJV 电缆的芯数有单芯、2 芯、3 芯、4 芯、5 芯、3+1 芯、3+2 芯、4+1 芯等,其中 3+1 芯、3+2 芯、4+1 芯是由两种作用不同的导体组成的,一种叫相线,另一种叫地线,是专门接地用的。常用的规格有 1 mm^2、1.5 mm^2、2.5 mm^2、4 mm^2、6 mm^2、10 mm^2、16 mm^2、25 mm^2、35 mm^2、50 mm^2、70 mm^2、95 mm^2、120 mm^2、150 mm^2、185 mm^2、240 mm^2、300 mm^2 等,如 YJV3 × 185 + 2 × 95 电缆是由 3 根 185 mm^2 的相线与 2 根 95 mm^2 的地线组成的。

(4)电缆导体的最高长期允许工作温度为 70 ℃,短路时(最长持续时间不超过 5 s),电缆导体的最高温度不超过 160 ℃,敷设电缆时的环境温度不应该低于 0 ℃。

5. 铠装电缆

铠装电缆是由不同的材料导体装在有绝缘材料的金属套管中,被加工成可弯曲的坚实组合体。加装铠装层增加电缆的机械强度、抗拉强度、抗压强度,延长使用寿命,提防老

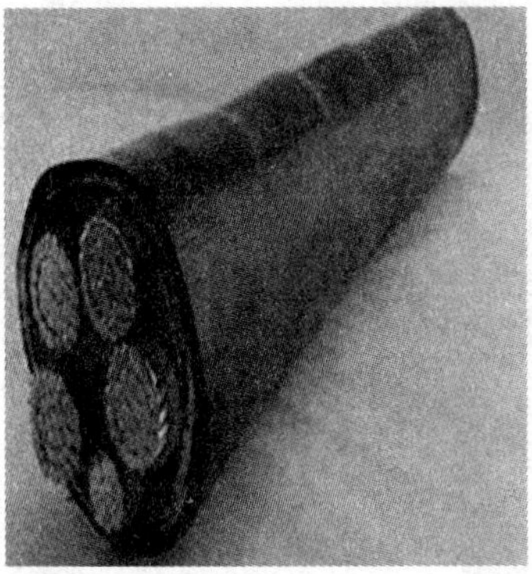

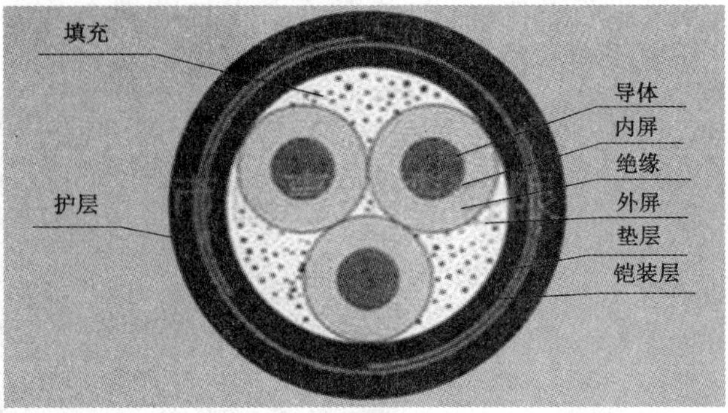

鼠撕咬。铠装分为钢带铠装(22,23)、细钢丝铠装(32,33)、粗钢丝铠装(42,43)。钢带铠装电缆型号有 VV22、VVP22、ZRVV22、NH - VV2;控制电缆钢带铠装电缆,型号有 KVV22、KVVP2、KVVP22、ZR - KVV22。

6. 橡套电缆

橡套电缆广泛使用于各种电器设备,例如日用电器,电动机械,电工装置和器具的移动式电源线。同时可在室内或户外环境条件下使用。根据电缆所受的机械外力,橡套电缆分为重型橡套软电缆(YC 电缆、YCW 电缆),中型橡套软电缆(YZ 电缆、YZW 电缆),轻型橡套软电缆(YQ 电缆、YQW 电缆),防水橡套软电缆(JHS 电缆、JHSB 电缆),电焊机电缆(YH 电缆、YHF 电缆)。一般轻型橡套电缆使用于日用电器、小型电动设备,要求柔软、轻巧,弯曲性能好。根据导体材料可分为铜芯和铝芯电缆。

2　电线、电缆的验收标准

电线电缆的标准很多,因为电线电缆本来就有很多种类,不同的种类有不同的标准。具体用哪种电缆,就去找相应的标准,一般电线执行:

(1)《额定电压 450/750 V 及以下的聚氯乙烯绝缘电缆(电线)第 1 部分 一般要求》(GB 5023.1)。

(2)YC 通用橡套软电缆产品依据 GB/T 5013—2008。

3 电线、电缆的验收方法

1. 资料验收

产品合格证,检验报告,CCC认证标志。

2. 品牌、规格、型号、数量验收

全部符合合同订货清单要求。

3. 质量验收

(1)外观检查线缆表面应光滑圆整,喷码清楚,导体有光泽,无明显的疙瘩、鼓包、破口、褶皱、擦伤,护套紧密。

(2)进行线径及绝缘层厚度测量,达到国家标准要求。

(3)阻燃耐火线缆现场应进行耐火实验。

(4)简单的绝缘鉴别方法是用手抠,以抠掉一块绝缘为劣质聚氯乙烯;或者剪下一段,用力打个折,然后放开,观察打折处,发白或者开裂为劣质绝缘。

(5)合格的铜芯应该是紫红色、有光泽、手感软。而伪劣的铜芯线铜芯为紫黑色、偏黄或偏白,杂质多,机械强度差,韧性不佳,稍用力即会折断,而且电线内常有断线现象。检查时,把电线一头剥开2 cm,然后用一张白纸在铜芯上稍微搓一下,如果白纸上有黑色物质,说明铜芯里杂质比较多。

(6)质量好的电线,一般都在规定的重量范围内。

4. 长度验收

电线长度误差每盘不超过±0.5 m;电缆不容许有误差。

5. 验收抽检数量

每批同一规格电线不少于3盘,电缆100%。

4 电线电缆的保管

(1)电线应入库保管,分清规格、类别;库房内应干燥、通风、防潮、整洁,防止日光直射,库内温度最高不得高于35 ℃,最低不得低于-10 ℃。

(2)电线、电缆不能与酸、碱物品及矿物油类接触。

(3)电缆应尽量入库存放,如不具备入库条件,应有专门的存放地,堆放场地应硬化、干燥,有防雨防潮措施,并有看管的责任人。

(4)电线储存不能过久,绝缘层易老化变质,储存期最好不超过两年。电缆储存期最好不超过一年半。

3.27 电缆桥架的一般知识及验收和保管

电缆桥架的一般知识及验收和保管

1 桥架的一般知识

由梯级式、托盘式或槽式的直线段、弯通、三通、四通组件以及托臂(臂式支架)、吊架等构成具有密接支撑电缆的刚性结构系统的全称。梯级式、托盘式、槽式电缆桥架各自优缺点：梯级式汇线桥架具有良好的通风性能，不防尘、不防干扰。槽式、托盘式汇线桥架具有防尘、防干扰性能。按照材料划分，电缆桥架主要有钢制、玻璃钢和铝合金几种。

1. 梯级式电缆桥架

梯级式电缆桥架是根据国内外有关资料而改进设计的。它具有重量轻、成本低、造型别致、安装方便、散热、透气好等优点。它适用于一般直径较大电缆的敷设，适合于高、低压动力电缆的敷设。

2. 托盘式电缆桥架

托盘式电缆桥架是石油、化工、轻工、电信等方面应用最广泛的一种。它具有重量轻、载荷大、造型美观、结构简单、安装方便等优点。它既适用于动力电缆的安装，也适合于控制电缆的敷设。

梯级式电缆桥架

托盘式电缆桥架

3. 槽式电缆桥架

槽式电缆桥架是一种全封闭型电缆桥架。它最适用于敷设计算机电缆、通信电缆、热电偶电缆及其他高灵敏系统的控制电缆等。它对控制电缆的屏蔽干扰和重腐蚀中环境电缆的防护都有较好的效果。

4. 组合式电缆桥架

组合式电缆桥架是一种新型桥架，是电缆桥架系列中的第二代产品。它适用于各项

工程、各种单位、各种电缆的敷设,具有结构简单、配置灵活、安装方便、形式新颖等特点。组合式电缆桥架只要采用宽100 mm、150 mm、200 mm的三种基型就可以组成所需要尺寸的电缆桥架,它不需生产弯通、三通等配件就可以根据现场安装任意转向、变宽,分引上、引下。在任意部位不需要打孔、焊接就可用管引出。它既方便工程设计,又方便生产运输,更方便安装施工,是目前电缆桥架中最理想的产品。

钢制桥架允许最小板材厚度

托盘、桥架宽度(mm)	允许最小板材厚度(mm)
<400	1.5
400～800	2.0
>800	2.5

2　桥架的验收标准

(1)《节能耐腐蚀钢制电缆桥架》(GB/T 23639—2009)。

(2)《电缆桥架标准》(JB－T 10216—2000)。

(3)《电控配电用电缆桥架》(CECS 31—2006)。

不同桥架的适用标准不同,验收时不同的桥架选用符合设计要求的不同标准。

3　桥架的验收方法

(1)资料验收:产品合格证,检验报告,CCC认证标志。

(2)品牌、规格、型号、数量验收:全部符合合同订货清单要求。

(3)外观质量验收:桥架内外表面涂层均匀,光滑,平整,无凸起,尖角,两对边平行,两侧边对底边垂直,断面形状端正,无扭曲、裂纹、边缘毛刺等缺陷。厚度、长度、宽度偏差符合标准要求。桥架连接板、紧固件是否正确。

4　桥架的保存

(1)电缆桥架应分类保管,堆放整齐,不得因受力变形。

(2)堆放场地应有排水措施。

(3)配件入库。

(4)不同规格标识清楚。

3.28　开关面板的一般知识及验收和保管

开关面板的一般知识及验收和保管

1　开关面板的一般知识及常用品种介绍

开关插座就是安装在墙壁上使用的电器开关与插座,是用来接通和断开电路使用的电器,兼有美观和装饰的功能。

开关按启动方式分为拉线开关、旋转开关、按钮开关、跷板开关、触摸开关等;按开关的连接方式分为单控开关、双控开关、双极(双路)双控开关等。按规格尺寸分为:86 型、118 型、120 型,86 型常见。建筑工程上大量使用的是 86 型跷板开关。

插座按功能可分为电脑插座、电话插座、电视插座、空调插座、普通插座;厨房和卫生间内安装防溅水盒或塑料挡板,可称为防水插座;按规格尺寸分:86 型、118 型、120 型,86 型插座一般是五孔插座,或一开带五孔插座,120 插座是纵向长方形。

常用的开关插座品牌有 TCL - 罗格朗,西蒙 Simon,朗能 Lonon,奇胜 Clipsal,西门子 Sisemens,梅兰日兰 Merlin Gerin,松下 Panasonic 等。

1. 跷板开关(86 型)

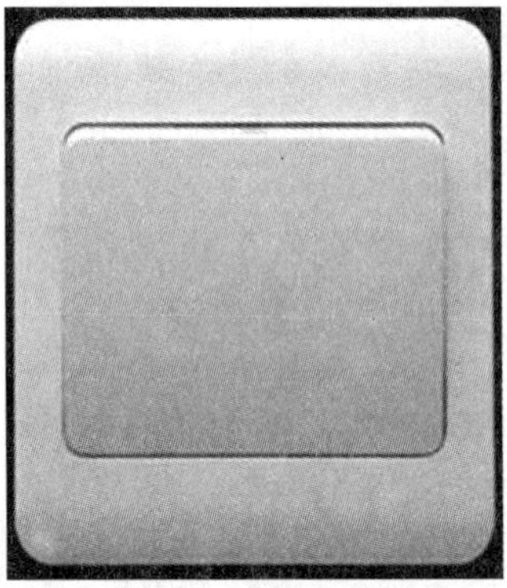

2. 触摸开关(86 型)

3. 防水盒

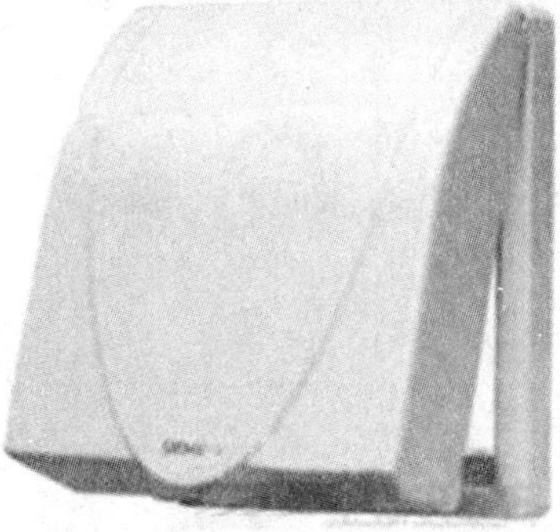

4. 多媒体插座

多媒体插座又称网络插座、网线插座、宽带插座、网络面板。

5. 电话插座

6. 电视插座

电视插座又称 TV 插座、电视面板、有线插座。

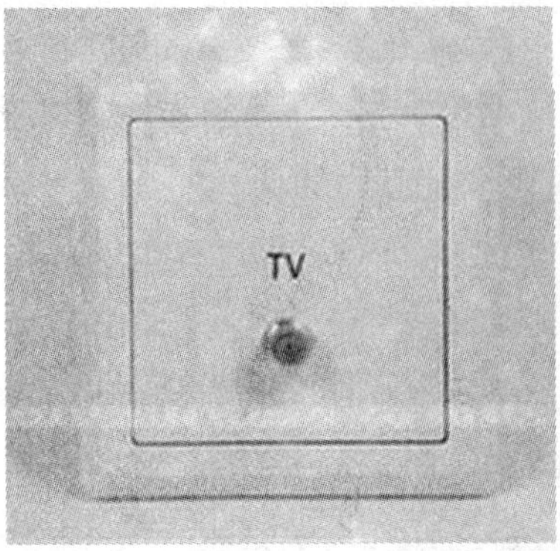

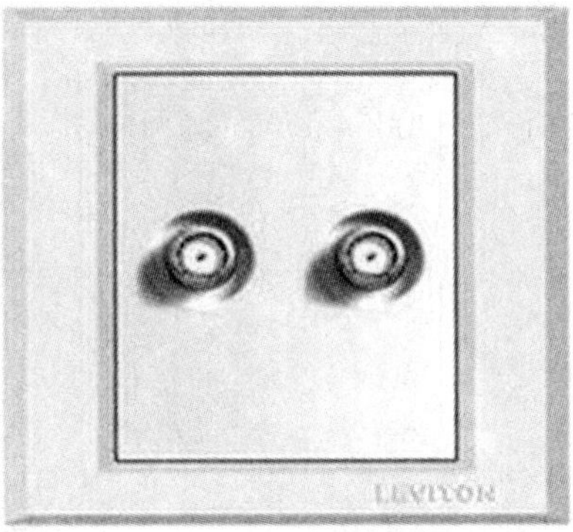

7. 空调插座(86 型)

空调插座,又称 16 A 插座,因为一般的插座都是 10 A 电流,空调插座是 16 A 电流。

8. 普通插座

86 型插座一般是五孔插座,或多五孔插座或一开带五孔插座。

2　产品标准

GB 7251.1—2005《低压成套开关设备》的标准。

3　验收方法

1.资料验收

产品合格证,检验报告,CCC 认证标志。

2.品牌、规格、型号、数量验收

全部符合合同订货清单要求。

3.外观质量验收

(1)塑料台板应有足够的强度,平整、无弯曲变形现象,开关开启是否灵活。

(2)面板应该颜色均匀,表面光洁,无凹陷、杂色,无气泡、污渍、裂纹、肿胀、缺胶、变形、刮伤、缩水等缺陷。金属件无毛刺、裂痕、腐蚀痕迹、生锈及螺丝头损伤等不良情形。

(3)掂量一下分量。如果商家选用了薄铜片,感觉会较轻。而好的开关插座选用的铜片及接线端子通常会比较厚实,分量相对较重。

验收抽检数量:不少于10%。

4　开关插座的保管

(1)入库分规格、类别存放整齐。

(2)存放库房内应干燥、干净、无水。

3.29　灯具的一般知识及验收和保管

灯具的一般知识及验收和保管

1　灯具的一般知识和工程常用灯具知识

通常所讲的灯具,包括光源和能透光、分配和改变光源光分布的器具,即光源和所有用于固定和保护光源所需的全部零部件,以及与电源连接所必需的线路附件。

现代灯具包括家居照明灯具、商业照明灯具、工业照明灯具、道路照明灯具、景观照明灯具、特种照明灯具等。建筑工程上常使用的灯具包括日光灯、吸顶灯、防水尘灯、壁灯、疏散灯、防爆灯、航空障碍灯等。常见的光源又包括白炽灯泡、荧光灯管、节能灯、LED等。

按照国家标准规定,灯具使用导线的最小截面面积为0.5 mm^2。

1.吸顶灯具

吸顶灯具安装在房间内部,是直接安装在顶棚表面上的灯具,由于灯具上部较平,紧靠屋顶安装,像是吸附在屋顶上,所以称为吸顶灯。常见的有方罩吸顶灯、圆球吸顶灯、半圆球吸顶灯、半扁球吸顶灯、小长方罩吸顶灯等。吸顶灯的灯罩材质一般是塑料、有机玻

璃的，玻璃灯罩，亚克力是塑料的一种。

2. 荧光灯（日光灯）

荧光灯分传统型荧光灯和无极荧光灯。传统型荧光灯即低压汞灯，是利用低气压的汞蒸气在放电过程中辐射紫外线，从而使荧光粉发出可见光的原理发光，因此它属于低气压弧光放电光源。无极荧光灯即无极灯，它取消了传统荧光灯的灯丝和电极，利用电磁耦合的原理，使汞原子从原始状态激发成激发态，其发光原理和传统荧光灯相似，是现今最新型的节能光源，有寿命长、光效高、显色性好等优点。

3. 防水防尘灯

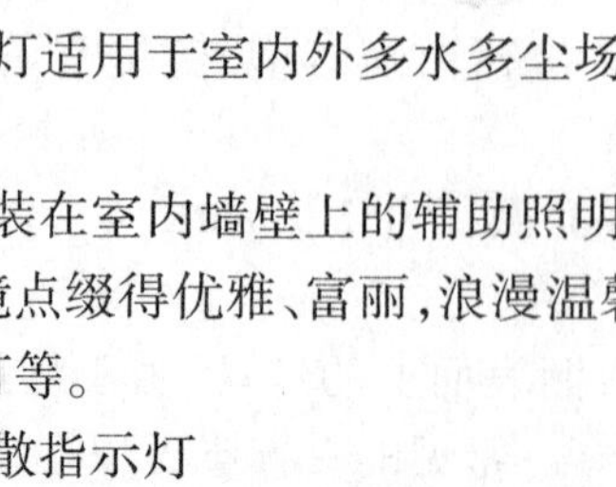
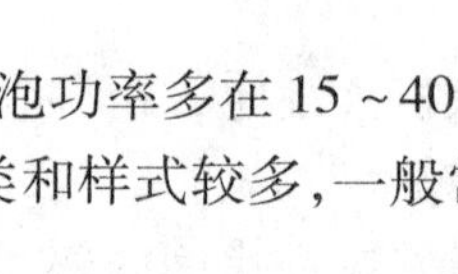

防水防尘灯适用于室内外多水多尘场所照明。

4. 壁灯

壁灯是安装在室内墙壁上的辅助照明装饰灯具。灯泡功率多在 15 ~ 40 W，光线淡雅和谐，可把环境点缀得优雅、富丽，浪漫温馨。壁灯的种类和样式较多，一般常见的有床头壁灯、镜前壁灯等。

5. 消防疏散指示灯

消防疏散指示灯，适用于消防应急照明，是消防应急中最为普遍的一种照明工具，应

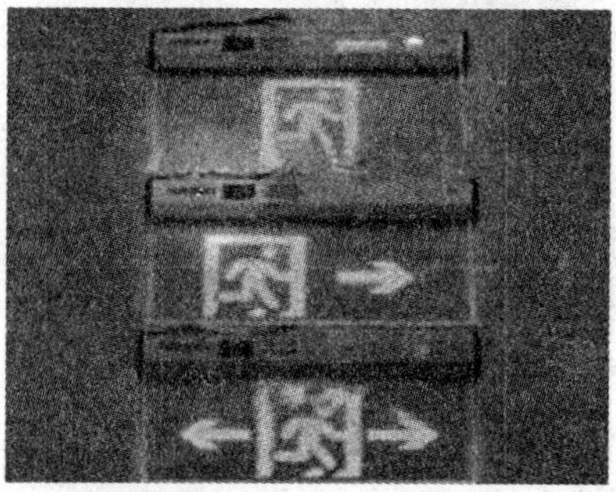

急时间长，高亮度，具有断电自动应急功能。消防疏散标志灯具有耗电小、亮度高、使用寿命长等特点，消防疏散指示灯具有壁挂式、吊式安装方式。

6. 防爆灯

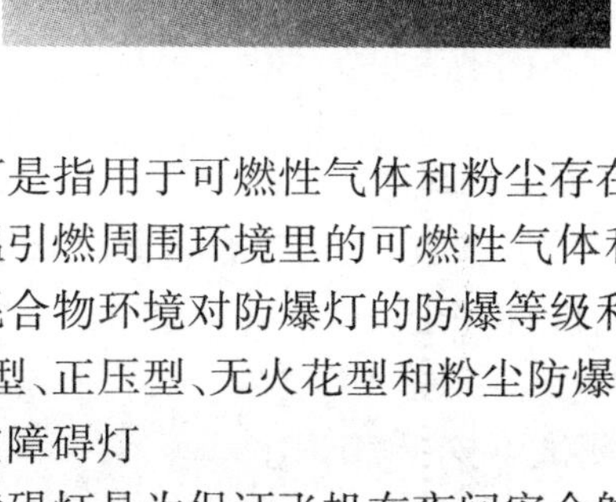

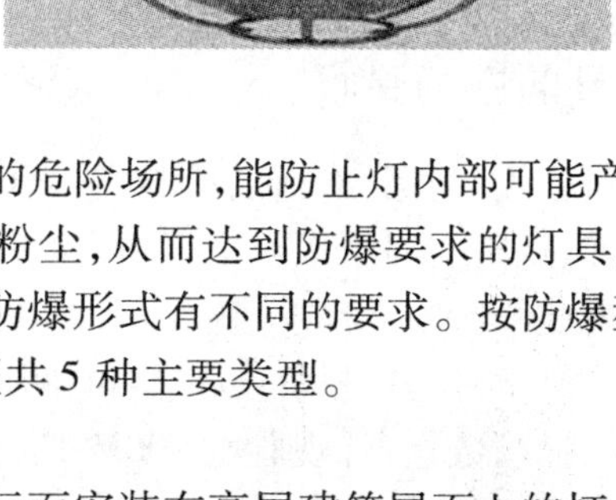

防爆灯是指用于可燃性气体和粉尘存在的危险场所，能防止灯内部可能产生的电弧、火花和高温引燃周围环境里的可燃性气体和粉尘，从而达到防爆要求的灯具。不同的可燃性气体混合物环境对防爆灯的防爆等级和防爆形式有不同的要求。按防爆型式分为隔爆型、增安型、正压型、无火花型和粉尘防爆型共 5 种主要类型。

7. 航空障碍灯

航空障碍灯是为保证飞机在夜间安全航行而安装在高层建筑屋面上的灯。顶部高出其地面 45 m 以上的高层建筑必须设置航空障碍灯，它在夜间发出规定的灯光颜色和闪光频率，达到规定的照射角度和能见距离。

8. 格栅灯

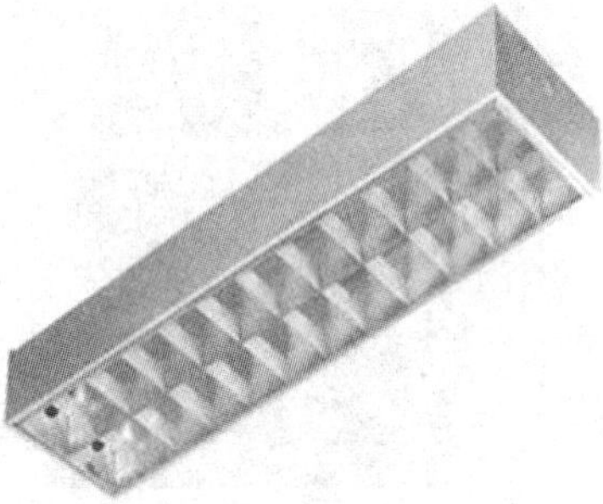

格栅灯指适合安装在有吊顶的写字间的照明灯具，光源一般是日光灯管。按安装方式分为嵌入式和吸顶式；按材质分为镜面铝格栅灯、有机板格栅灯。常见的规格尺寸为600 mm × 600 mm、600 mm × 1 200 mm。

2　灯具验收标准

GB 7000—2008 一般灯具标准。

GB/T 7002—2008 投光照明灯具光度测试。

GB/T 9468—2008 灯具分布光度测量的一般要求。

GB 17945—2010 消防应急灯具。

3　灯具的进场验收

(1)资料验收：产品合格证，检验报告，CCC 认证标志。

(2)品牌、规格、型号、额定电压、额定功率、数量验收：全部符合合同订货清单要求。

(3)外观质量验收：灯具外观无污渍、破损，配件齐全。

(4)通电测试：灯具进场应进行通电测试。

(5)验收抽检数量：外观验收 100%，通电测试不少于 10%。

4　灯具的存储

(1)灯具应入库保存；分清类别、规格，堆放整齐。

(2)库房内应通风、干燥。

第 4 篇　材料需用量参考定额及材料损耗率

4.1　材料需用量定额和损耗率的说明

材料需用量定额和损耗率的说明

1. 本定额供项目部提供材料计划、限额领料过程中参考使用。

2. 本定额中，凡注有“以内”者包括本身，“以外”者不包括本身。

3. 材料需用量中包括了净用量和现场运输、施工操作损耗，不包括场外运输、场内二次运输、仓库保管、材料品种与实际不符的现场再加工和季节性气候影响可能造成的损耗。

4. 本定额中钢模、脚手架等周转性材料定额用量，分一次投入量及摊销量，并考虑了正常周转次数和摊销次数。

5. 材料损耗率、损耗量、净用量计算公式如下：

$$损耗率 = \frac{损耗量}{消耗量} \times 100\%$$

$$损耗量 = 消耗量 - 净用量$$

$$净用量 = 消耗量 - 损耗量$$

4.2　道路工程材料使用量定额

道路工程材料使用量定额

序号	项目		单位	所需用材料						
				混凝土	木模板投入量	木模板摊销量	天然砂	石灰	沥青60#	铁钉
				m²				kg		
1	厚12 cm混凝土路面、场地(15 cm灰层,2 cm砂垫层)		100 m²	12.12	0.237	0.023 7	2.58	2 409	15	0.24
2	级配砾石路面厚度8 cm	12 cm厚砾石垫层	100 m²	石灰	天然砂	砾(碎)石2~4	砾(碎)石3~7	砾(碎)混石		
				kg	m³					
					4.27	2	15.91	7.91		
3		15 cm厚1:4灰土垫层		2 409	4.27			7.91		
4	混凝土路面厚每增加1 cm		100 m²	混凝土	木模板投入量	木模板摊销量	沥青60#			
				m³			kg			
				1.01	0.02	0.002	1.5			
5	平铺砖人行道		100 m²	净砂	地缸砖20×20×3		标准砖			
				m³	块					
				3.42			3 470			
6	铺地缸砖人行道			3.27	2 460					
7	L形预制混凝土道牙		100 m	砂浆			预制道牙			
				m³			m			
				0.4			101			
8	条形预制混凝土道牙			0.2			101			

4.3 地面及垫层工程材料使用量定额(一)

地面及垫层工程材料使用量定额(一)

序号	项目			单位	所使用材料			
					木模板	混凝土	铁钉	铅丝
					m^3		kg	
1	混凝土机拌人捣	地面	模板摊销量	10 m^2	0.041		2.12	
			模板一次投入量		0.41			
			混凝土	m^3		1.01		4
2		墙、柱基	模板摊销量	10 m^2	0.041		2.12	
			模板一次投入量		0.41			
			混凝土	m^3		1.01		
3		散水	模板摊销量	10 m^2	0.041		2.12	
			模板一次投入量		0.41			
			混凝土	m^3		1.01		
4		台阶	模板摊销量	10 m^2	0.065		2.69	
			模板一次投入量		0.52			
			混凝土	m^3		1.01		

4.4 地面及垫层工程材料使用量定额(二)

地面及垫层工程材料使用量定额(二)

序号	项目	所使用材料							
		石灰	水泥	砂浆	碎石	天然砂	碎砖	炉渣	炉渣混凝土
		kg		m^3					
1	砂垫层					1.22			
2	干铺碎砖					0.21	1.35		
3	灌浆碎砖			0.28			1.35		
4	干铺碎卵石				1.11	0.28			
5	灌浆碎卵石			0.28	1.11				
6	干铺炉渣							1.48	
7	石灰炉渣垫层(1:4)							1.19	
8	炉渣混凝土垫层(50#)	107	137					1.56	1.01

4.5　防水(潮)层材料使用量定额

防水(潮)层材料使用量定额

(单位：100 m^2)

序号	项目	所使用材料					
		素水泥浆	水泥砂浆	防水粉	石油沥青 60#	汽油	煤
		m^3		kg			
1	普通水泥砂浆防水层平面		2.02	55			
2	普通水泥砂浆防水层立面		2.04	58			
3	五层做法水泥砂浆防水层立面	0.61	1.61				
4	五层做法水泥砂浆防水层立面	0.61	1.61				
5	刷热沥青 一遍 平面				193	18.5	24
6	刷热沥青 一遍 立面 混凝土抹灰面				204	18.5	23
7	刷热沥青 一遍 立面 砖墙面				227		28
8	刷热沥青 每增一遍 平面				143		18
9	刷热沥青 每增一遍 立面 混凝土抹灰面				155		19
10	刷热沥青 每增一遍 立面 砖墙面				178		22

序号	项目	所使用材料					
		石油沥青 10#	石油沥青 60#		滑石粉	汽油	煤
		kg					
1	刷石油沥青玛琋脂 平面一遍	147	40		43	18.5	26
2	刷石油沥青玛琋脂 混凝土、抹灰面立面一遍	156	42		46	18.5	28
3	刷石油沥青玛琋脂 砖墙面立面一遍	173	46		51	18.5	31
4	刷石油沥青玛琋脂 平面每增一遍	121	21		36		20
5	刷石油沥青玛琋脂 混凝土、抹灰面立面每增一遍	130	22		38		21
6	刷石油沥青玛琋脂 砖墙面立面每增一遍	155	26		46		25

4.6　扶手、栏杆、栏板材料定额(一)

扶手、栏杆、栏板材料定额(一)

序号	项目		单位	所使用材料													
				不锈钢管 ϕ50×2.5	不锈钢方管 ϕ50×2.5	不锈钢管 ϕ20	不锈钢管 ϕ25	不锈钢管 ϕ35	茶色玻璃10厚	不锈钢卡子3厚	不锈钢螺栓	不锈钢电焊条	油灰	清油	玻璃胶	塑料管 ϕ20	细石混凝土C20
				m					m^2	个	kg				支	m	m^3
1	不锈钢扶手	茶色半玻栏板	10 m	10.6	9.26				5.01	37.1	0.28	1.43			0.21		
2		茶色全玻栏板		10.6	9.26				8.24	37.1	0.23	1.43	14.1	0.3	1.91		
3		栏杆		10.6		70.67		1.41				1				17.5	
4		靠墙扶手		10.6			3.15					0.34					0.01

序号	项目		单位	所使用材料											
				规格料	木砖 60×60×120	铁钉	扁钢 40×4	电焊条	镀锌钢管 ϕ25	螺栓 ϕ12	螺帽 ϕ12	钢垫圈 ϕ80	镀锌法兰 ϕ80	木螺丝	细石混凝土C20
				m	块	kg				个					m^3
1	木扶手	四边形	10 m	10										68	
2		圆形带托板		10.37	34	0.21								68	
3		圆形不带托板		10.37										68	
4		多边形带托板		10.37	34									80	
5		多边形不带托板		10.37										80	
6		靠墙扶手		10.37		0.15	1.45	0.34	7.71	1.74	12	12	12	70	0.01

4.7 扶手、栏杆、栏板材料定额(二)

扶手、栏杆、栏板材料定额(二)

序号	项目	单位	所使用材料									
			镀锌钢管 $\phi 50$	塑料扶手	塑料堵头	圆钢 $\phi 18$	圆钢 $\phi 20$	扁钢 30×4	扁钢 40×4	电焊条	塑料黏结剂	细石混凝土 C20
			m		个	kg						m^3
1	型钢栏杆钢管扶手	10 m	10.6			52.4		33.8		4.08		
2	靠墙钢管扶手		10.6				7.4		0.02	0.34		0.01
3	型钢栏杆塑料扶手			11	0.35	51.2		32.81	12.7	4.08	0.12	
4	靠墙塑料扶手			11	0.22		7.4		12.7	0.27	0.12	0.01

4.8 混凝土工程模板使用量定额(一)

混凝土工程模板使用量定额(一)

(单位：10 m^2)

序号	项目		所需用材料					
			定型钢模	卡具	钢支撑	铁钉	木模板	混凝土
			kg				m^3	
1	有梁式带型基础	钢模摊销量	6.41	1.47	3.41	0.07	0.018	1.012
		钢模一次投入量	320.9	36.75	255.8	0.07	0.09	
2	无梁式带型基础	钢模摊销量	7.58	1.64		0.63	0.025	
		钢模一次投入量	379.2	41		0.63	0.126	
3	独立基础体积在5 m^3以内	钢模摊销量	7.38	0.34		1.12	0.065	1.012
		钢模一次投入量	369	8.5		1.12	0.325	
4	独立基础体积在5 m^3以外	钢模摊销量	7.38	0.34		1.12	1.12	
		钢模一次投入量	369	8.5		1.12	1.12	
5	有梁式满堂红基础	钢模摊销量	7.54	2.4	3.17	0.28	0.01	1.012
		钢模一次投入量	377	60	237.6	0.28	0.05	
6	无梁式满堂红基础	钢模摊销量	6.54	0.46		1.52	0.046	
		钢模一次投入量	327	11.5		1.52	0.229	
7	带形桩承台	钢模摊销量	6.83	4.42		0.12	0.005	1.012
		钢模一次投入量	341.7	110.5		0.12	0.025	
8	独立形桩承台	钢模摊销量	6.09	2.12		0.75	0.058	1.012
		钢模一次投入量	304.5	53		0.75	0.29	
9	一般设备基础体积在10 m^3以内	钢模摊销量	6.32	1.9	0.8	0.65	0.026	1.012
		钢模一次投入量	315.8	43.38	60	0.65	0.13	
10	复杂设备基础体积在10 m^3以内	钢模摊销量	6.32	1.9	0.8	0.81	0.033	1.012
		钢模一次投入量	315.8	43.38	60	0.81	0.163	

4.9 混凝土工程模板使用量定额(二)

混凝土工程模板使用量定额(二)

(单位：10 m²)

序号	项目		所需用材料					
			定型钢模	卡具	钢支撑	铁钉	木模板	混凝土
			kg				m³	
1	断面周长在1.2 m以内的矩形捣制柱	钢模摊销量	7.2	15.36	4.11	0.27	0.018	1.016
		钢模一次投入量	360	383.9	308.2	0.27	0.11	
2	断面周长在1.8 m以内的矩形捣制柱	钢模摊销量	7.72	11.35	3.47	0.28	0.016	1.016
		钢模一次投入量	386	283.7	260.3	0.28	0.08	
3	断面周长在1.8 m以外的矩形捣制柱	钢模摊销量	6.6	7.49	2.62	0.35	0.014	1.016
		钢模一次投入量	330.1	187.3	196.8	0.35	0.07	
4	构造柱	钢模摊销量	7.89	4.76		0.01	0.002	1.016
		钢模一次投入量	394.4	119		0.01	0.01	
5	捣制基础梁、地圈梁(不带底板)	钢模摊销量	7.81	5.16	3.04	1	0.044	1.014
		钢模一次投入量	390.5	129.3	228.2	1	0.22	
6	捣制圈梁、过梁	钢模摊销量	8.34	0.89	1.36	0.35	0.036	1.014
		钢模一次投入量	417	22.29	102	0.35	0.18	
7	捣制连续梁、框架梁、井字梁、单梁	钢模摊销量	8.08	4.66	11.29	0.4	0.019	1.014
		钢模一次投入量	403.9	116.5	846.5	0.4	0.096	
8	捣制异型梁	钢模摊销量	7.39	5.7	5.36	1.64	0.049	1.014
		钢模一次投入量	369.5	142.5	402	1.64	0.245	
9	悬臂梁	钢模摊销量	8.08	4.66	11.29	0.4	0.019	1.014
		钢模一次投入量	403.9	116.5	846.5	0.4	0.096	
10	墙厚在20 cm以外的捣制直形墙	钢模摊销量	7.03	4.36	4.61	0.08	0.003	1.016
		钢模一次投入量	351.5	106.1	345.7	0.08	0.015	
11	墙厚在30 cm以内的地下室墙、挡土墙	钢模摊销量	7.03	4.3	3.94	0.04	0.002	1.016
		钢模一次投入量	351.5	100.7	295.6	0.04	0.01	

4.10 混凝土工程模板使用量定额(三)

混凝土工程模板使用量定额(三)

(单位：10 m²)

序号	项目		所需用材料					
			定型钢模	卡具	钢支撑	铁钉	木模板	混凝土
			kg				m³	
1	墙厚在 30 cm 以外的地下室墙、挡土墙	钢模摊销量	7.03	4.49	4.39	0.07		1.016
		钢模一次投入量	351.5	112.4	329	0.07		
2	捣制无梁板、平板	钢模摊销量	5.45	1.67	3.84	0.18	0.04	1.016
		钢模一次投入量	272.6	41.66	287.7	0.18	0.199	
3	捣制有梁板板厚在 10 cm 以内	钢模摊销量	6.7	3.81	4.54	0.11	0.014	1.012
		钢模一次投入量	335.1	95.18	340.3	0.11	0.068	
4	捣制有梁板板厚在 10 cm 以外	钢模摊销量	7.07	3.8	4.65	0.25	0.017	1.012
		钢模一次投入量	353.4	94.93	348.9	0.25	0.087	
5	普通楼梯	钢模摊销量	11.08	5.94	6.52	1.98	0.084	1.015
		钢模一次投入量	553.9	148.5	488.7	1.98	0.42	
6	雨篷	钢模摊销量	9.84	5.37	6.23	0.43	0.036	1.015
		钢模一次投入量	492	134.3	467.2	0.43	0.18	
7	带梁阳台	钢模摊销量	10.23	4.42	4.78	0.7	0.038	1.015
		钢模一次投入量	511.4	110.6	358.2	0.7	0.188	
8	挑沿、天沟、水平遮阳板	钢模摊销量	6.56	3.28	3.91	0.95	0.01	1.016
		钢模一次投入量	328.2	81.87	292.9	0.95	0.052	
9	板式栏板	钢模摊销量	14.56	8.64	7.86	0.74	0.019	1.018
		钢模一次投入量	729.7	215.9	589.7	0.74	0.095	
10	压顶	钢模摊销量	8.58	0.68		3.51	0.061	1.016
		钢模一次投入量	428.8	16.92		3.51	0.305	

4.11 金属面油漆材料需用量定额

金属面油漆材料需用量定额

序号	项目		单位	材料用量								
				防锈漆	调和漆	光油	铅油	清油	松香水	汽油	石膏	铁砂纸
				kg								张
1	防锈漆 铅油 调和漆	栏杆钢窗栅	100 m^2	9.9	7	0.7	4.3	0.07	3.9	1.85	2.1	14
2		钢踏步(平台、扶手)	100 步	17.4	11.8	1.2	7.7	1.2	6.8	1.32	1.63	10
3		钢爬梯(栏杆、平台、扶手)	t	4.65	7.27	1.63	5.36	1.09	2.49	1		12
4		零星铁件		4.65	7.27	1.63	5.36	1.09	2.49	1		12

序号	项目	单位	材料用量					
			防火漆	油漆溶剂油	清漆	清油	石油沥青 70#	铁砂纸
			kg					张
1	单层钢门防火漆两遍	100 m^2	20.39		2.3			20

4.12　喷(刷)涂料工程材料需用量定额

喷(刷)涂料工程材料需用量定额

序号	项目			单位	所需用材料							
					多彩底涂	多彩中涂	多彩面涂	清油	滑石粉	水泥	107 胶	丙烯酸彩砂涂料
					kg							
1	抹灰面多彩涂料	三遍		100 m^2	10.3	20.6	33	2.04	15.25			
2		每增减一遍	底涂		10.3							
3			中涂			20.6						
4	彩色喷涂	抹灰墙								30		380
5		混凝土墙								197	328	510

序号	项目		单位	所需用材料								
				大白粉	白水泥	石灰	羧甲基纤维素	聚醋酸乙烯溶液	107 胶	石花菜	皮肤	色粉
				kg								
1	大白浆两遍		100 m^2	34.9			0.49	0.29	7.1	0.74	0.36	
2	刷白水浆(两遍)	天棚、墙面及墙裙			34				15			1.24
3		腰线、门窗套、窗台板檐口、遮阳板			68				14.2			1.49
4	刷石灰浆(两遍)					19						

4.13 铝合金玻璃幕墙、隔墙(断)材料使用量定额

铝合金玻璃幕墙、隔墙(断)材料使用量定额

序号	项目	单位	所需用材料														
			铝合金型材175×65	铝合金型材140×50	铝合金型材101.6×44.5	铝合金型材	铁件	膨胀螺丝	反光强化茶色玻璃	平板玻璃	胶纸	铝合金板条	角铝	槽铝	自攻螺丝	射钉	玻璃胶
			kg					套	m^2				m		100个		支
1	古铜色铝合金茶色玻璃幕墙	100 m^2	1 037.54				240	198	118		100				4.45	2	47
2	金黄色铝合金茶色玻璃幕墙			669			240	498	118		100				4.45	2	47
3	铝合金玻璃隔墙(断)				416		2.95	342		118					19.1		60
4	铝合金板隔墙(断)					397	92	260				98.23	280	634	52.7		

4.14　木龙骨隔音墙材料定额

木龙骨隔音墙材料定额

序号	项目	单位	所需用材料									
			规格料	木砖 120×120×60	石膏板	吸音板	穿孔纸带	防腐油	铁钉	嵌缝膏	膨胀螺丝	木螺丝
			m^3	块	m^2		m	kg			套	100个
1	单面石膏板木龙骨隔音墙	100 m^2	1.94	57	108.7		150	25.3	2.5	42	321	15.9
2	双面石膏板木龙骨隔音墙		1.94	57	217.4		260	25.3	2.5	84	321	31.8
3	单面吸音板木龙骨隔音墙		1.34	57		105		3.09	11.8			
4	双面吸音板木龙骨隔音墙		1.34	57		210		3.09	13			

4.15　厕所、木隔断材料定额

厕所、木隔断材料定额

序号	项目	单位	所需用材料					
			规格料	木砖　120×120×60	铁钉	铁件	胶	螺栓
			m^3	块	kg		只	
1	厕所、浴室木隔断	100 m^2	2.48	158.4	0.3	306	4.7	

4.16　轻钢龙骨隔音墙材料定额

轻钢龙骨隔音墙材料定额

序号	项目			单位	所需用材料									
					竖龙骨	通贯龙骨	石膏板	吸音板	穿孔纸带	密封条	嵌缝膏	射钉 M8	自攻螺丝 4×25	锯拉铆钉
					m		m^2		m		kg	100 个		
1	轻钢龙骨隔音墙	石膏板	单面	$100\ m^2$	183	107	108.7		109	99	42	1.51	17.85	3.75
2			双面		183	107	217.4		217	98	84	1.51	35.7	3.75
3		吸音板	单面		183	107		105		99	42	1.51	20.36	3.75
4			双面		183	107		210		198	84	1.51	40.72	3.75

4.17　木龙骨石膏板隔音墙材料定额

木龙骨石膏板隔音墙材料定额

序号	项目	单位	所需用材料						
			规格料	杉薄板(压条)	石膏板	油毡	防腐油	沥青	铁钉
			m^3		m^2		kg		
1	木龙骨石膏板隔音墙	$100\ m^2$	1.266	0.501	108.7	105	29.77	48	10.67

4.18　抹灰工程材料使用量定额(一)

抹灰工程材料使用量定额(一)

序号	项目	单位	所需用材料				
			混合砂浆	水泥砂浆	细石混凝土	素水泥浆	107 胶
			m^3				kg
1	混凝土天棚混合砂浆抹灰	100 m^2	1.55				
2	压光砖墙及墙裙混合砂浆抹灰		2.1				
3	麻面砖墙及墙裙混合砂浆抹灰		2.1				
4	压光混凝土及砌块墙及墙裙混合砂浆抹灰		2.04				
5	麻面混凝土及砌块墙及墙裙混合砂浆抹灰		2.04				
6	不出沿梁混合砂浆抹灰		2.04				
7	方形柱混合砂浆抹灰		2.04				
8	圆形及多角形柱混合砂浆抹灰		2.04				
9	中级地面水泥砂浆抹灰			2.62			
10	随打随抹(加浆)压光地面水泥砂浆抹灰			0.51			
11	地面踢脚线水泥砂浆抹灰			2.86			
12	出沿楼梯(带防滑条)水泥砂浆抹灰			4.52			
13	不出沿楼梯(不带防滑条)水泥砂浆抹灰			3.99			
14	出沿楼梯台阶(带防滑条)水泥砂浆抹灰			3.26			
15	不出沿楼梯台阶(不带防滑条)水泥砂浆抹灰			2.68			
16	散水水泥砂浆抹灰			2.02			
17	厚 4 cm 细石混凝土地面水泥砂浆抹灰				4.04		
18	厚 4 cm 细石混凝土地面每增减 1 cm 水泥砂浆抹灰				1.01		
19	混凝土天棚水泥砂浆抹灰			1.55		0.1	2.76
20	压光砖墙及墙裙水泥砂浆抹灰			2.1			
21	麻面砖墙及墙裙水泥砂浆抹灰			2.1			
22	压光混凝土及砌块墙及墙裙水泥砂浆抹灰			2.04		0.11	
23	麻面混凝土及砌块墙及墙裙水泥砂浆抹灰			2.04		0.11	
24	方形柱水泥砂浆抹灰			2.04			
25	圆形及多角形柱水泥砂浆抹灰			2.04			
26	不出沿梁水泥砂浆抹灰			2.04			

4.19 抹灰工程材料使用量定额(二)

抹灰工程材料使用量定额(二)

序号	项目	单位	所需用材料					
			混合砂浆	水泥砂浆	细石混凝土	素水泥浆	107胶	纸筋灰浆
			m^3				kg	m^3
1	挑沿天沟水泥砂浆抹灰(内侧及沟底)	100 m^2		2.05				
2	挑沿天沟水泥砂浆抹灰(外侧及反底)		1.09	0.612				0.141
3	水平遮阳板水泥砂浆抹灰		0.543	1.33				0.07
4	垂直遮阳板水泥砂浆抹灰			2.46				
5	阳台水泥砂浆抹灰		1.04	3.11				0.202
6	雨篷水泥砂浆抹灰		1.04	3.11				0.202
7	腰线(平墙抹)水泥砂浆抹灰			2.36				
8	腰线(一出砖)水泥砂浆抹灰			2.36				
9	压顶(墙头帽)水泥砂浆抹灰			2.36				
10	窗台水泥砂浆抹灰			2.56				
11	出沿窗台板水泥砂浆抹灰			2.56				
12	不出沿窗台板水泥砂浆抹灰			2.56				
13	窗口通立边水泥砂浆抹灰			2.36				
14	门窗套水泥砂浆抹灰			2.56				
15	小型水泥砂浆抹灰			2.05				
16	屋面找平层水泥砂浆抹灰(在填充料上)			2.53				
17	屋面找平层水泥砂浆抹灰(在混凝土面上)			2.02				
18								
19								
20								
21								
22								
23								
24								
25								

4.20　其他砂浆抹灰工程材料使用量定额

其他砂浆抹灰工程材料使用量定额

序号	项目	单位	所需用材料				
			TG 砂浆	石灰砂浆	TG 胶素水泥浆	纸筋灰浆	水泥珍珠岩浆
			m^3				
1	TG 砂浆加气混凝土条板墙抹灰	100 m^2	0.92		0.11	0.22	
2	TG 砂浆加气混凝土条砌块墙抹灰		0.69	0.92	0.11	0.22	
3	珍珠岩砂浆砖墙抹灰					0.22	2.66
4	珍珠岩砂浆混凝土墙抹灰					0.22	3

4.21　拉毛及涂刷工程材料使用量定额

拉毛及涂刷工程材料使用量定额

序号	项目	单位	所需用材料				
			混合砂浆	水泥砂浆	纸筋灰浆	素水泥浆	107 胶
			m^3				
1	石灰墙面拉毛	100 m^2		1.58	0.41		
2	水泥墙面拉毛		1.89				
3							
4							

4.22 木材面油漆材料需用量定额(一)

木材面油漆材料需用量定额(一)

序号	项目			单位	所需用材料							
					调和漆	光油	铅油	清油	松香水	汽油	石膏粉	木砂纸
					m^3		kg					张
1	铅油、调和漆	单层门	普通	100 m^2	27.92	6.56	16.08	2.06	5.71	8.68	3	25
2	铅油、调和漆	单层门	中级	100 m^2	27.92	13.18	31.48	5.03	8.25	9.78	3	30
3	铅油、调和漆	玻璃隔断露明墙筋	普通	100 m^2	17.9	4.22	10.3	1.3	3.7	5.52	2.7	15.8
4	铅油、调和漆	门窗套窗台板	普通	100 m^2	10.8	4.55	8.92	1.81	3.65	3.82	1.42	10
5	铅油、调和漆	门窗套窗台板	中级	100 m^2	10.8	4.55	17.83	2.81	4.43	4.63	1.42	10
6	铅油、调和漆	带托板木扶手	普通	100 m	2.27	1.22	2.08	0.44	0.86	1.08	0.57	4
7	铅油、调和漆	带托板木扶手	中级	100 m	2.27	1.67	4.16	0.88	0.86	1.42	0.57	4
8	铅油、调和漆	不带托板木扶手	普通	100 m	1.21	0.76	1.35	0.34	0.57	0.76	0.57	4
9	铅油、调和漆	不带托板木扶手	中级	100 m	1.21	1.31	2.7	0.7	0.65	1	0.57	4

序号	项目		单位	所需用材料						
				清油	热桐油	防水漆	油漆溶剂油	大白粉	石膏粉	木砂纸
				kg						张
1	防火漆(两遍)	单层门	100 m^2	3.55	4.9	35.23	7.87	18.67	5.04	20
2	防火漆(两遍)	带托板木扶手	100 m	0.51	0.71	5.67	1.13	2.7	0.72	6
3	防火漆(两遍)	不带托板木扶手	100 m	0.34	0.47	3.78	0.75	1.79	0.48	4

4.23　木材面油漆材料需用量定额(二)

木材面油漆材料需用量定额(二)

序号	项目			单位	所需用材料									
					酚醛清漆醇酸清漆	石性颜料	光油	铅油	清油	松香水	汽油	石膏粉	大白粉	木砂纸
					kg									张
1	清漆	单层门	中级	100 m^2	11.79	1.8	12.76	2.39	4.59	11.92	8.86	5.28	17.44	25
2			高级		16.79	1.8	14.08	2.39	4.59	13.92	9.78	6.6	17.44	30
3		隔墙隔断栏杆	中级		12.43	1.1	12.76	2.25	3.1	12.92	9.92	5.28	17.44	25
4			高级		12.43	1.1	14.08	2.25	3.1	14.92	10.45	6.6	17.44	30
5		门窗套窗台板	中级		7.8	1.8	8.76	1.32	1.95	8.76	3.44	2.84	8.5	25
6			高级		11.7	1.8	10.51	1.32	1.95	12.51	4.49	3.41	8.5	30
7		带托板木扶手	中级	100 m	4.8	0.28	1.5	0.32	0.1	1.51	0.95	2.13	4.05	7
8			高级		5.67	0.28	1.63	0.32	0.23	3.12	1.04	2.56	4.05	7
9		不带托板木扶手	中级		2.4	0.15	0.89	0.16	0.04	0.9	0.61	1.03	3.8	4
10			高级		3.96	0.15	0.97	0.16	0.13	2.87	0.72	1.24	3.8	4

4.24 抹灰面油漆材料需用量定额

抹灰面油漆材料需用量定额

序号	项目		单位	所需用材料												
				调和漆	无光调和漆	黑板漆	光油	铅油	清油	松香水	石膏粉	汽油	聚醋酸乙烯溶液	羧甲基纤维素	滑石粉	木砂纸
				kg												张
1	铅油调和漆	墙面墙裙	100 m²	9.72			1.52	15.24	1.37	1.07	2.99	1.34	1.55	0.31	13.86	20
2		天棚		9.72			1.52	15.24	1.37	1.07	2.99	1.34	1.55	0.31	13.86	15
3	无光调和漆	墙面墙裙		9.72	9.72		1.52	15.24	1.37	1.07	2.99	1.34	1.55	0.31	13.86	20
4		天棚		9.72	9.72		1.52	15.24	1.37	1.07	2.99	1.34	1.55	0.31	13.86	15
5	拉毛面调和漆			14.27	14.27		3.36	10.35	2.39	1.85		2.2	2.39	0.48		
6	玻璃黑板刷黑板漆					15.63				1						

序号	项目		单位	所需用材料							
				乳胶漆	水性水泥漆	聚醋酸乙烯溶液	羧甲基纤维素	大白粉	石膏粉	滑石粉	木砂纸
				kg							张
1	乳胶漆两遍	抹灰面（满刮腻子）	100 m²	27.81		1.7	0.34	1.43	2.05	13.85	20
2		檐子线、窗台板、遮阳板、门套线、腰线、窗立边		16.27							

4.25 瓷砖面层材料使用量定额

瓷砖面层材料使用量定额

序号	项目	单位	所需用材料							
			瓷砖	混合砂浆	水泥砂浆	素水泥浆	白水泥	107胶	棉纱头	石料切割锯片
			m^2	m^3			kg			片
1	瓷砖(墙面及墙裙贴)	100 m^2	102	1.02	1.02	0.101	15	2.62	1	0.96
2	瓷砖(零星项目)		111	1.02	1.02	0.101	17	2.91	1.11	1.07

4.26 陶瓷墙地面砖材料使用量定额(一)

陶瓷墙地面砖材料使用量定额(一)

序号	项目			单位	所需用材料					
					地面砖	水泥砂浆	素水泥浆	白水泥	棉纱头	石料切割锯片
					m^2	m^3		kg		片
1	地面砖	地面	150 mm×150 mm	100 m^2	102	2.04	0.1	10	1	0.32
2			200 mm×200 mm		102	2.04	0.1	10	1	0.32
3			300 mm×300 mm		102	2.04	0.1	10	1	0.32
4		楼梯	200 mm×100 mm		105.3	2.04	0.1	10	1	0.32
5		台阶	200 mm×100 mm		105.3	2.04	0.1	10	1	0.32
6		踢脚线	200 mm×100 mm		102	2.04	0.1	20	1	0.32

4.27　陶瓷墙地面砖材料使用量定额(二)

陶瓷墙地面砖材料使用量定额(二)

序号	项目				单位	墙面砖	水泥砂浆	素水泥浆	混合砂浆	棉纱头	107 胶
						m^2	m^3			kg	
1	墙面砖(150 mm×75 mm)	墙面、墙裙		密缝	100 m^2	102	1.84	0.1	0.31	1	2.1
2				灰缝		85.2	1.84	0.1	0.31	1	2.1
3		柱	方形	密缝		105.3	1.84	0.1	0.31	1	2.1
4				灰缝		88.1	2.15	0.1	0.31	1	2.1
5			圆形、多角形	密缝		105.3	1.84	0.1	0.31	1	2.1
6				灰缝		88.1	2.15	0.1	0.31	1	2.1
7		零星项目		密缝		111	1.96	0.15	0.31	1.12	2.36
8				灰缝		94.4	1.96	0.15	0.31	1.12	2.36

4.28　缸砖及水泥花砖材料使用量定额

缸砖及水泥花砖材料使用量定额

序号	项目	单位	所需用材料							
			缸砖	水泥花砖	水泥砂浆	素水泥浆	白水泥	棉砂头	石料切割片	锯木屑
			m^2		m^3		kg		片	m^3
1	缸砖勾缝地面	100 m^2	102		2.04	0.1		2	0.32	
2	水泥花砖地面			102	2.04	0.1	10	1	0.32	0.6
3	水泥花砖台阶			105.3	2.04	0.1	10	1	0.9	0.6

4.29　块料面层打蜡材料使用量定额

块料面层打蜡材料使用量定额

序号	项目	单位	所需用材料				
			草酸	硬白蜡	煤油	松节油	清油
			kg				
1	楼地面	100 m^2	1	2.65	4	0.53	0.53
2	楼梯、台阶						
3	墙、柱面						

4.30　大理石、花岗岩装饰材料使用量定额(一)

大理石、花岗岩装饰材料使用量定额(一)

序号	项目	单位	所需用材料						
			大理石、花岗岩板	水泥砂浆	素水泥浆	白水泥	棉砂头	石料切割片	锯木屑
			m^2	m^3		kg		片	m^3
1	楼地面	100 m^2	102	2.05	0.1	10	1	0.42	0.6
2	楼地面拼贴碎块		102	2.05					
3	楼梯		105.3	2.05	0.1	10	1	1.2	0.6
4	台阶		105.3	2.05	0.1	10	1	1.2	0.6
5	踢脚线		102	2.05	0.1	20	1	0.42	0.6

4.31 大理石、花岗岩装饰材料使用量定额(二)

大理石、花岗岩装饰材料使用量定额(二)

序号	项目	单位	所需用材料										
			大理石花岗岩板(500×500)	水泥砂浆	素水泥浆	钢筋φ6	铁件	铜丝	电焊条	白水泥	射钉	石料切割片	合金钢钻头
			m^2	m^3		kg					100个	片	个
1	挂贴砖墙面	100 m^2	102	5.13	0.1	110	34.87	7.77	1.52	15		2.69	
2	挂贴混凝土墙面		102	5.13	0.1	110		7.77	1.52	15	5.24	2.69	6.55
3	挂贴砖柱面		105.3	5.13	0.1	150	30.58	7.77	1.34	15		2.69	
4	挂贴混凝土柱面		105.3	5.13	0.1	150		7.77	2.68	15	9.7	2.69	11.5

序号	项目	单位	所需用材料									
			大理石花岗岩板(500×500)	大理石花岗岩板	水泥砂浆	素水泥浆	胶粘剂	白水泥	107胶	锡纸	石料切割片	金刚石
			m^2		m^3		kg				片	块
1	粘贴砖墙面	100 m^2	102		2.05		42	15			2.69	
2	粘贴混凝土墙面		102		2.05	0.1	42	15			2.69	
3	拼碎砖柱面			102	2.05	0.1			43.89	0.3		21
4	拼碎混凝土墙面			102	2.05	0.2			46.43	0.3		21

4.32　装配式 U 型轻钢天棚龙骨材料定额(一)

装配式 U 型轻钢天棚龙骨材料定额(一)

序号	项目				单位	所使用材料										
						规格料	轻钢大龙骨 $H=45$	轻钢中龙骨 $H=19$	轻钢小龙骨 $H=19$	小龙骨横撑 $H=19$	中龙骨横撑 $H=19$	方钢管 25×25×2.5	主接件	次接件	小接件	大龙骨垂直吊挂件	中龙骨垂直吊挂件
						m^3	m						100 个				
1	装配式U型轻钢天棚龙骨	不上人型面层规格(mm)	300×300	一级	100 m^2		136.78	187.36	202.97	409.22			0.58	0.86	0.93	1.53	2.3
2				二～三级		0.05	186.37	174.85	200.41		346.79	6.12	0.95	0.86	0.9	1.89	3.21
3			450×450	一级			137.29	339			269.8		0.66	1.57		1.76	4.18
4				二～三级		0.05	186.73	308.3	33.97	20.21	249.2	6.12	1.01	1.57	0.13	2.04	4.53
5			600×600	一级			136.85	231.41			207.84		0.66	1.16		1.76	2.42
6				二～三级		0.05	186.42	213.62	33.97	20.21	205.82	6.12	1.01	1.16	0.13	2.04	3.3
7			600×600以上	一级			124.9	153.66			148.06		0.65	0.65		1.53	1.72
8				二～三级		0.05	178.06	145.2	33.97	30.32	163.97	6.12	1	1.72	0.13	1.89	2.81

序号	项目				单位	所使用材料										
						小龙骨垂直吊挂件	中龙骨平面连接件	小龙骨平面连接件	螺母	垫圈	射钉	吊筋	扁铁	钢板 6 mm	角钢 50×5	铁件	螺丝
						100 个						kg					
1	装配式U型轻钢天棚龙骨	不上人型面层规格(mm)	300×300	一级	100 m^2	2.49	12.12	13.22	3.09	1.55	1.53	24			40		1.06
2				二～三级		3.44	9.63	12.88	7.83	3.92	1.55	86	1.54	0.47	40	1.4	0.99
3			450×450	一级			14.03		3.48	1.74	1.53	28			40		1.22
4				二～三级		1.24	10.97		4.13	2.07	1.55	86	1.54	0.47	40	0.7	1.08
5			600×600	一级			6.06		3.52	1.76	1.53	27.5				40	1.22
6				二～三级		1.25	5.18	1.25	4.13	2.07	1.55	35.7	1.54	0.47		40.7	1.03
7			600×600以上	一级			3.88		3.74	1.87	1.53	36.3				40	1.06
8				二～三级		1.25	3.87	1.25	4.3	2.15	1.55	33.9	1.54	0.47		40.7	0.9

4.33 装配式U型轻钢天棚龙骨材料定额(二)

装配式U型轻钢天棚龙骨材料定额(二)

序号	项目				单位	所使用材料											
						规格料	轻钢大龙骨 $H=60$	轻钢中龙骨 $H=19$	轻钢小龙骨 $H=19$	中龙骨横撑 $H=19$	小龙骨横撑 $H=19$	方钢管 25×25×2.5	主接件	次接件	小接件	大龙骨垂直吊挂件	中龙骨垂直吊挂件
						m^3	m						100个				
1	装配式U型轻钢天棚龙骨	上人型面层规格(mm)	300×300	一级	100 m^2	0.01	143.72	189.96	202.97	409.22			0.58	0.86	0.93	1.53	2.34
2				二~三级		0.05	193.92	177.46	200.41	346.79		6.12	0.95	0.86	0.9	1.89	3.26
3			450×450	一级		0.01	144.24	341.61		269.8			0.66	1.57		1.76	4.22
4				二~三级		0.05	193.73	310.9	33.97	249.2	20.21	6.12	1.01	1.57	0.13	2.04	4.57
5			600×600	一级		0.01	143.8	234.02		207.84		1.28	0.66	1.16		1.76	2.46
6				二~三级		0.05	193.37	216.22	33.97	205.82	20.21	6.12	1.01	1.16	0.13	2.04	3.34
7			600×600以上	一级		0.01	131.85	156.27		148.06		1.28	0.65	0.65		1.53	1.72
8				二~三级		0.05	185	147.81	33.97	163.97	30.32	6.12	1	1.72	0.13	1.89	2.85

序号	项目				单位	所使用材料										
						小龙骨垂直吊挂件	中龙骨平面连接件	小龙骨平面连接件	螺母	垫圈	吊筋	扁铁	预埋铁件	电焊条	铁件	螺丝
						100个						kg				
1	装配式U型轻钢天棚龙骨	上人型面层规格(mm)	300×300	一级	100 m^2	2.49	12.12	13.22	3.16	1.58	87		170	1.28	0.44	1.16
2				二~三级		3.44	9.63	12.88	3.19	1.6	88	1.54	170.47	1.28	1.14	0.99
3			450×450	一级			14.03		3.61	1.81	100		170	1.28	0.44	1.34
4				二~三级		1.24	10.97		3.61	1.81	100	1.54	170.47	1.28	1.14	1.13
5			600×600	一级			6.06		3.61	1.81	100		170	1.28	0.44	1.34
6				二~三级		1.25	5.18	1.25	3.61	1.81	99.5	1.54	170.47	1.28	1.14	1.13
7			600×600以上	一级			3.88		3.19	1.6	87.1		170	1.28	0.44	1.16
8				二~三级		1.25	3.87	1.25	3.3	1.65	88.4	1.54	170.47	1.28	1.14	0.99

4.34　装配式 T 型铝合金天棚龙骨材料使用量定额

装配式 T 型铝合金天棚龙骨材料使用量定额

序号	项目				单位	所使用材料								
						规格料	铝合金大龙骨 $H=45$	铝合金中龙骨 $H=35$	铝合金小龙骨 $H=22$	铝合金小龙骨 $H=35$	小龙骨横撑 $H=35$	边龙骨横撑 $H=22$	主接件	次接件	大龙骨垂直吊挂件
						m^3	m						100 个		
1	装配式 T 型铝合金天棚龙骨	不上人型面层规格（mm）	300×300	一级	100 m^2		133.66	186.39	362.87		64.56	185.22	0.58	0.58	1.52
2				二～三级		0.03	214.17	215.97	347.82		66.06	185.22	0.58	0.58	1.67
3			450×450	一级			133.66	252.7	264.29		64.6		0.58	0.19	1.52
4				二～三级		0.03	214.17	260.16	265.99				0.58	0.19	1.67
5			600×600	一级			133.66	189.37	182.01	64.6			0.58	0.28	1.52
6				二～三级		0.03	204.15	215.97	197.66	66.11			0.58	0.28	1.67
7			600×600 以上	一级			133.66	142.03	142.03	64.6	267.32		0.58	0.65	1.52
8				二～三级		0.03	204.15	182.83	143.92	66.11	267.32		0.58	0.65	1.67

序号	项目				单位	所使用材料										
						中龙骨垂直吊挂件	边龙骨垂直吊挂件	射钉	螺母	垫圈	吊筋	角钢	预埋铁件	铁件	螺丝	膨胀螺丝
						100 个					kg					
1	装配式 T 型铝合金天棚龙骨	不上人型面层规格（mm）	300×300	一级	100 m^2	2.28	2.28	1.52	3.04	1.52	23.7		0.04		1.07	136
2				二～三级		2.28	2.28	1.48	3.32	1.66	29.5	122	0.04	5.41	0.98	130
3			450×450	一级		1.52	1.52	1.52	3.04	1.52	31.6		0.04		1.05	130
4				二～三级		1.52	1.52	1.48	3.32	1.66	35.6	122	0.04	5.41	0.96	130
5			600×600	一级		2.28	3.14	1.52	1.5	0.75	31.7		40		1.4	130
6				二～三级		2.29	3.14	1.48	2.14	1.07	35.6	122	40	5.36	1.4	130
7			600×600 以上	一级		1.72	4.75	1.52	3.04	1.52	23.7		40		1.4	130
8				二～三级		1.78	4.75	1.48	3.36	1.68	30.1	122	40	5.36	1.4	130

4.35 装配式 T 型铝合金天棚龙骨材料需用量定额

装配式 T 型铝合金天棚龙骨材料需用量定额

序号	项目				单位	一等杉木	铝合金大龙骨 $H=60$	铝合金中龙骨 $H=35$	铝合金小龙骨 $H=22$	铝合金边龙骨 $H=35$	小龙骨横撑 $H=22$	主接件	次接件	大龙骨垂直吊挂件	中龙骨垂直吊挂件
						m^3	m					100 个			
1	装配式T型铝合金天棚龙骨	上人型面层规格(mm)	300×300	一级	100 m^2	0.01	140.67	192	362.87	64.56	185.22	0.58	0.58	1.52	2.32
2				二～三级		0.05	221.27	218.6	347.82	66.06	185.22	0.58	0.58	1.67	2.32
3			450×450	一级		0.01	140.67	255.13	264.29	64.6		0.58	0.19	1.52	1.56
4				二～三级		0.05	221.27	262.79	265.99	65.9		0.58	0.19	1.67	1.64
5			600×600	一级		0.01	140.67	192	182.01	64.6		0.58	0.28	1.52	2.32
6				二～三级		0.05	211.15	218.6	197.66	66.11		0.58	0.28	1.67	2.33
7			600×600以上	一级		0.01	140.67	114.66	142.03	64.9	267.32	0.58	0.65	1.52	1.76
8				二～三级		0.05	211.15	185.46	143.92	66.11	267.32	0.58	0.65	1.67	1.82

序号	项目				单位	边龙骨垂直吊挂件	螺母	垫片	吊筋	角钢	预埋铁件	铁件	螺丝	电焊条	膨胀螺丝
						100 个			kg						套
1	装配式T型铝合金天棚龙骨	上人型面层规格(mm)	300×300	一级	100 m^2	2.28	3.21	1.61	57.7		170	0.44	1.07	1.28	130
2				二～三级		2.28	3.5	1.75	66.8	122	170	5.8	0.98	1.28	130
3			450×450	一级		1.52	3.21	1.61	57.7		70	0.44	1.15	1.28	130
4				二～三级		1.52	3.5	1.75	37.9	122	170	5.8	1.04	1.28	130
5			600×600	一级		3.14	1.68	0.84	57.73		170	0.44	1.4	1.28	130
6				二～三级		3.14	2.32	1.16	66.8	122	170	5.58	1.4	1.28	130
7			600×600以上	一级		4.75	3.21	1.61	57.73		170	0.44	1.4	1.28	130
8				二～三级		4.75	3.5	1.75	66.8	122	170	5.85	1.4	1.28	130

4.36　围墙工程材料使用量定额

围墙工程材料使用量定额

序号	项目	单位	所需用材料	
			砂浆	标准砖
			m^3	块
1	实砌砖围墙	m^3	0.23	536
2	围墙勾缝	10 m^2	0.224	
3	围墙抹灰		0.02	

4.37　化粪池材料使用量定额

化粪池材料使用量定额

序号	项目	单位	所需用材料				
			混凝土	定型钢模	卡具	钢支撑	铁钉
			m^3	kg			
1	钢筋混凝土池壁(钢模摊销量)	10 m^2		7.36	2.12	2.76	
2	钢筋混凝土池壁(钢模投入量)			380	53	207	
3	池壁混凝土机拌机捣	m^3	1.01				
4	钢筋混凝土池底(钢模摊销量)	10 m^2		7	2	1.33	
5	钢筋混凝土池底(钢模投入量)			350	50	100	
6	池底混凝土机拌机捣	m^3	1.01				
7	钢筋混凝土池顶(钢模摊销量)	10 m^2		7.6	2.12	4.25	0.013
8	钢筋混凝土池顶(钢模投入量)			380	53	319	0.05
9	池顶混凝土机拌机捣	m^3	1.01				

4.38　窨井、阀井、检查井材料使用量定额

窨井、阀井、检查井材料使用量定额

序号	项目			单位	所需用材料						
					标准砖	砌筑砂浆	混凝土	抹灰砂浆	混凝土井盖座	铸铁井盖座	铅丝
					块	m^3			套		kg
1	井壁砌砖及抹灰	深度(m)	3 以内	m^3	522	0.25		0.1			
2			3 以外		522	0.25		0.1			
3	井盖座安装	钢筋混凝土井盖座		10 套		0.09			10		
4		铸铁井盖座								10	
5	井底	钢筋		t							6
6		混凝土		m^3			1.015				

4.39　地沟材料使用量定额

地沟材料使用量定额

序号	项目			单位	所需用材料			
					标准砖	砂浆	抹灰砂浆	混凝土盖板
					块	m^3		m^2
1	砖地沟	砌砖(0.5 砖)		m^3	558	0.2		
2		砌砖(1~1.5 砖)			534	0.23		
3		混凝土盖板安装		10 m^2		0.03		10.1
4		抹灰宽度(m)	1 以内				0.203	
5			1 以外				0.203	

序号	项目		单位	所需用材料			
				混凝土	定型钢模	卡具	钢支撑
				m^3	kg		
1	钢筋混凝土地沟	钢模摊销量	10 m^2		7.02	3.28	2.76
2		钢模投入量			351	82	207
3		混凝土	m^3	1.015			

4.40　混凝土管子铺设及接头材料使用量定额

混凝土管子铺设及接头材料使用量定额

序号	项目	单位	所需用材料		
			混凝土管	砂	水泥
			m	m^3	kg
1	混凝土管道铺设	10 m	10.02		
2	水泥砂浆抹口(内径在 45 cm 内)	10 个	0.082	0.082	33.2
3	水泥砂浆抹口(内径在 60 cm 内)			0.12	50

4.41　屋面保温层材料使用量定额

屋面保温层材料使用量定额

(单位：m^3)

序号	项目	使用材料	单位	使用量
1	泡沫混凝土块保温层	泡沫混凝土块	m^3	1.05
2	加气混凝土块保温层	加气混凝土块	m^3	1.05
3	水泥石灰炉渣保温层	水泥石灰炉渣	m^3	1.01
4	炉渣混凝土保温层	炉渣混凝土	m^3	1.01
5	现浇水泥珍珠岩保温层	现浇水泥珍珠岩	m^3	1.02
6	现浇水泥蛭石粉保温层	现浇水泥蛭石粉	m^3	1.02
7	干铺水泥珍珠岩保温层	干铺水泥珍珠岩	m^3	1.03
8	干铺水泥蛭石粉保温层	干铺水泥蛭石粉	m^3	1.03
9	铺水泥蛭石块保温层	铺水泥蛭石块	m^3	1.02
10	铺水泥珍珠岩块保温层	铺水泥珍珠岩块	m^3	1.02
11	干铺炉渣保温层	干铺炉渣	m^3	1.1

4.42　屋面卷材防水层材料使用量定额

屋面卷材防水层材料使用量定额

（单位：100 m^2）

序号	项目	所使用材料				
		改性沥青油毡	黏结剂	汽油	沥青	液化气
		m^2	kg			
1	平屋面冷粘贴改性沥青卷材防水层	111	56	18.5	8	
2	弧屋面冷粘贴改性沥青卷材防水层	113	57	18.5	8	
3	天沟冷粘贴改性沥青卷材防水层	115	58	18.5	8	
4	平屋面热熔贴改性沥青卷材防水层	111		18.5	8	15
5	弧屋面热熔贴改性沥青卷材防水层	113		18.5	8	15.3
6	天沟冷热熔贴改性沥青卷材防水层	115		18.5	8	15.5

4.43　屋面涂料防水层材料使用量定额

屋面涂料防水层材料使用量定额

（单位：100 m^2）

序号	项目	所使用材料				
		玻璃丝布（无纺布）	氯丁橡胶	聚氨酯	二甲苯	沥青
		m^2	kg			
1	平屋面氯丁橡胶防水涂料（一布四涂）	111	200			
2	弧屋面氯丁橡胶防水涂料（一布四涂）	113	200			
3	天沟氯丁橡胶防水涂料（一布四涂）	115	200			
4	氯丁橡胶防水涂料（增加一布二涂）	111	100			
5	平屋面聚氨酯防水涂膜			172	18.5	8
6	弧屋面聚氨酯防水涂膜			172	18.5	8
7	天沟面聚氨酯防水涂膜			172	18.5	8

4.44　屋面排水工程材料使用量定额

屋面排水工程材料使用量定额

（单位：10 m）

序号	项目	所使用材料		
		塑料管	铁件	塑料焊条
		m	kg	
1	屋面塑料落水管排水	10.4	0.03	1.4

4.45　方木龙骨材料需用量定额

方木龙骨材料需用量定额

序号	项目				单位	所需用材料						
						规格料	防腐油	铁件	镀锌螺丝	铁钉	预埋铁件	电焊条
						m³	kg					
1	方木天棚龙骨	木楞吊在人字屋架及砖墙上	3 m以内	一级	100 m²	1.33	0.88	30.26				
2				二～三级		2.31	0.88	30.26				
3			4 m以内	一级		1.57	0.76	28.9				
4				二～三级		2.54	0.76	28.9				
5		木楞吊在混凝土板下或梁下	双层楞			1.3	0.58	8.56	5.26	8.89	120	0.91

4.46 天棚面层及饰面工程材料需用量定额

天棚面层及饰面工程材料需用量定额

序号	项目		单位	需用材料					
				矿棉吸声板	矿棉板	石膏板	铁钉	XY 402 胶	自攻螺丝
				m^2			kg		100 个
1	木龙骨天棚面层及饰面工程(吸声板)		100 m^2	105			1.91		
2	矿棉板	贴在混凝土板下			105			32.55	
3		搁在龙骨上			105				
4	石膏板	安装在 U 型轻钢龙骨上				108.7			34.5
5		安装在 T 型铝合金龙骨上				217.4			

4.47 铝合金扣板天棚雨篷材料需用量定额

铝合金扣板天棚雨篷材料需用量定额

序号	项目	单位	需用材料							
			铝合金扣板	角铝	角钢	电焊条	钩钉	铝拉铆钉	自攻螺丝	镀锌波纹瓦 2 m×0.9 m
			m^2	m	kg		100 个			块
1	铝合金扣板天棚	100 m^2	102.5						16.65	
2	铝合金扣板雨篷		108.33	184.94	1 141.84	34	1.82	0.31		40.84

4.48　中空玻璃采光天棚材料需用量定额

中空玻璃采光天棚材料需用量定额

序号	项目		单位	所需用材料										
				铝框骨架	槽钢60	T型钢 25×25	扁钢-5	扁钢-10	螺栓 M12	铁钉	建筑油膏	铁钩	桐油	调和漆
				kg										
1	中空玻璃采光天棚	铝结构	100 m²	502.4										
2					1 966.3	20.78	399.65	76.86	4.51	1.4	89.26			38.44
3	钢化玻璃采光天棚	钢结构			460.82	294.28	283.8	54.58	3.28			26.92	6.7	13.26

序号	项目		单位	所需用材料										
				铁件	中空玻璃16厚	钢化玻璃5厚	镀锌铁皮脊瓦26#	橡皮垫条（大）	橡皮垫条（小）	橡皮垫片250宽	橡皮垫片25宽	耐热胶垫2×38	镀锌螺栓	玻璃胶
				kg	m²		m						套	支
1	中空玻璃采光天棚	铝结构	100 m²		97							169.81	1 095	20.4
2		钢结构		74.65	107		1	161.64	161.64	104.74	64.66			
3	钢化玻璃采光天棚					109.17		137.72		45.39				

4.49 贮水(油)池材料使用量定额

贮水(油)池材料使用量定额

序号	项目			单位	所需用材料						
					木模板	混凝土	定型模板	卡具	钢支撑	铅丝	铁钉
					m^3		kg			100 个	kg
1	钢筋混凝土池底	方形	钢模摊销量	10 m^2			7	2	1.33		
2			钢模一次投入量				350	50	100		
3			混凝土(机拌机捣)	m^3		1.01					
4		圆形	钢模摊销量	10 m^2			7	2	1.33		
5			钢模一次投入量				350	50	100		
6			混凝土(机拌机捣)	m^3		1.01					
7	钢筋混凝土池壁	矩形	钢模摊销量	10 m^2			7.6	2.12	2.76		
8			钢模一次投入量				380	53	207		
9			混凝土(机拌机捣)	m^3		1.015					
10		圆形	钢模摊销量	10 m^2			9	6	6.1	0.2	
11			钢模一次投入量				450	150	460		
12			混凝土(机拌机捣)	m^3		1.015					
13	无梁池盖		钢模摊销量	10 m^2	0.013		7.6	2.12	4.25		0.1
14			钢模一次投入量		0.05		380	53	319		
15			混凝土(机拌机捣)	m^3		1.015					

4.50　水池外壁抹灰材料使用量定额

水池外壁抹灰材料使用量定额

序号	项目	单位	所使用材料
			水泥砂浆(m^3)
1	水池外壁抹灰	10 m^2	0.224

4.51　标准砖、多孔砖材料需用量定额

标准砖、多孔砖材料需用量定额

（单位：m^3）

序号	项目		所需用材料	
			砖	砂浆
			块	m^3
1	大开挖后砌筑砖基础		520	0.25
2	条形基槽内砌筑砖基础		520	0.25
3	混水标准外砖墙	1 砖	534	0.23
4		1.5 砖及以上	526	0.24
5	混水标准内砖墙	0.5 砖	558	0.2
6		1 砖	534	0.23
7		1.5 砖及以上	526	0.24
8	多孔砖墙 240×180×115	一砖外墙	177	0.21
9		半砖内墙	183	0.19
10		一砖内墙	177	0.19
11	多孔砖墙 240×180×90	一砖外墙	343	0.22
12		半砖内墙	360	0.19
13		一砖内墙	343	0.22
14	砖墙、圈梁顶抹找平层(10 m^2)			0.24

4.52 砌块材料需用量定额

砌块材料需用量定额

（单位：m^3）

序号	项目		所需用材料	
			砌块	砂浆
			m^3	
1	硅酸盐砌块	厚度 180 mm 以内	0.93	0.09
2		厚度 240 mm 以内	0.93	0.09
3	加气混凝土块	厚度 200 mm 以内	0.93	0.09
4		厚度 200 mm 以外	0.93	0.09

4.53 主要项目砖、砂浆消耗量计算

主要项目砖、砂浆消耗量计算

砖墙砖数消耗量
砂浆用量 = 1 - 砖数 × 每块砖体积（标准砖体积 = 240 × 115 × 53 = 0.001 462 8 m^3）

4.54　钢管脚手架材料需用量定额

钢管脚手架材料需用量定额

（单位：100 m²）

编号	项目			所需用材料						
				钢管 4～6 m	钢管 2.2 m	十字扣件	旋转扣件	对接扣件	底座	脚手板
				根		个				块
1	双排外架	高度在（ m以内）	6	61.5	53.7	179		21	17	33.3
			9	61.1	55.5	177	6	26	11	22.2
			12	61.4	56.6	178	6	26	9	16.7
			15	61.4	57.4	180	6	24	7	13.3
			18	62	57.6	177	8	28	6	11.1
			24	61.9	58.1	176	8	29	5	8.3
			30	71.7	58.3	215	8	31	4	6.7
			36	71.7	57.2	215	8	32	3	5
			42	71.6	57.2	216	8	32	3	4.5
			48	71.6	57.5	217	6	32	2	4
2	满堂架基本层（3.6～5.2 m）			75.2		90	16	10		67
	满堂架增高层（5.2 m以上，每1.5 m为一增高层）			24		30		2		

4.55　伸出式挑架子材料使用量定额

伸出式挑架子材料使用量定额

（单位：10 m²）

项目	钢管 4～6 m	钢管 3～4 m	十字扣件	旋转扣件	对接扣件	脚手板
单位	根		个			块
数量	23	31	46	28	4	17

说明：1.间距、步距、跨距以专项施工方案为准。2.本定额表中数据在提供材料计划时参考使用，有专项施工方案的按专项施工方案计算后为准。

4.56 砖石工程原料及半成品损耗率

砖石工程原料及半成品损耗率

序号	项目	砖基础	清水砖墙			混水砖墙			花式墙	多孔砖墙	砌块	独立砖柱		零星砌体及其他	毛(乱)石砌体	方整石
			1砖以内	1.5砖以内	1.5砖以上	1砖以内	1.5砖以内	1.5砖以上				1.5×1.5砖以内	1.5×1.5砖以外			
1	标准砖	0.3	1.2	0.9	0.7	0.9	0.7	0.5	1.2			4	2	0.8		
2	砂浆	1.2	1.1	0.9	0.8	1.1	0.9	0.8	0.9	8	1.5	1.5	1.2	0.9		
3	毛(乱)石														3	
4	方整石															0.5
5	砌块										2					
6	多孔砖															

4.57　钢筋消耗系数

钢筋消耗系数

项目	盘圆(直径 mm)		直条(直径 mm)			预应力钢筋	
	5以内	6.5~12	10~16	18~25	25以外	先张发	后张发
损耗率(%)	0.5	1	1.5	3	5	8	12
消耗系数	1.005	1.01	1.015	1.031	1.053	1.087	1.136

4.58　混凝土主要原材料损耗率

混凝土主要原材料损耗率

项次	项目	说明	单位	损耗率	备注
1	水泥	(袋装)	kg	0.5	
2	水泥	(散装)		1	
3	砂	以过筛净砂为准	m^3	1.5	含水率以2%为准
4	石	以过筛净石为准		1	如洗石者,损耗另加1.5%
5	炉渣	以过筛为准		1.5	

4.59　屋面主要工程材料损耗率

屋面主要工程材料损耗率

（%）

原材料损耗率		拌和材料损耗					
材料名称	施工损耗	材料名称	容量（kg/m³）	铺设（mm）	损耗率		
					调制	施工	改锯
蛭石	2	泡沫混凝土块	500	1 300		2	3
珍珠岩粉	2	加气混凝土块	500	1 200		2	3
炉渣	2	水泥、石灰、炉渣	1 250		1	1	
黏结剂	2	炉渣混凝土	155		1	1	
卷材	2	水泥蛭石、珍珠岩	390		1	1	
沥青	1	保温材料拌和浆			2	1	
		沥青玛琋脂			4	2	
		冷底子油			1	2	
		水泥蛭石块				2	

4.60 地面及垫层工程材料损耗率

地面及垫层工程材料损耗率

（%）

项目			损耗率		
			配制	施工	合计
垫层	混凝土、炉渣混凝土		5	5	1
防水潮层	普通	平面水泥砂浆	0.5	0.5	1
		立面水泥砂浆	1	1	2
	五层做法(平面图) 水泥砂浆及素水泥浆		0.5	0.5	1
伸缩缝	玛琋脂		4	2	6
	沥青砂浆		2	2	4
	嵌缝油膏			1	1

4.61 室外总体工程材料损耗率

室外总体工程材料损耗率

（%）

材料名称	混凝土管	套管	陶土管	水泥	砂子	沥青
损耗率	0.2	1	1.5	0.5	2	5
材料名称	石棉	石棉泥	石棉粉	石粉	麻	油麻
损耗率	2	3	5	1.5	3	2

4.62 各种抹灰砂浆调制、运输、操作损耗率

各种抹灰砂浆调制、运输、操作损耗率

（%）

各种砂浆名称	项目							
	天棚	墙面、墙裙、梁柱	装饰线	槽板、井字架密肋梁	机械喷涂	挑沿天沟、遮阳板、阳台、雨篷、腰线、压顶、窗台、窗台板、窗口通立边、门窗套	小型抹灰	预制水磨石构件
石灰砂浆	2.4	1.5		2.4	3			
纤维（纸筋、麻刀等）灰浆	1.2	1	1.5	1.2			1.5	
石膏浆	1.4	1.3	1.5				1.5	
混合砂浆	3.5	2	1.5	2.5				
素水泥浆	0.9	0.9		0.9		0.9		

4.63　抹灰工程主要原材料损耗率

抹灰工程主要原材料损耗率

（%）

材料名称	损耗率	材料名称	损耗率
水泥（袋装）	1	白石子（中八厘）	8
水泥（散装）	2	白石子（小八厘）	8
净砂	1.5	石灰膏	1
绿豆砂	4	沥青	4
石子	1	107 胶	1
白石子（大八厘）	4	石　灰	2
		菱苦土	1

4.64 镶贴块料及砂浆调制、运输、操作损耗率

镶贴块料及砂浆调制、运输、操作损耗率

（%）

项目		块料		砂浆						
				底层		黏结层		合计		
		损耗率（%）	消耗系数	砂浆	厚度（mm）	砂浆	厚度（mm）	总厚（mm）	损耗率（%）	消耗系数
陶瓷锦砖	地面	2	1.02	素水泥浆 1:4 水泥砂浆	20			20	2	1.02
	踢脚线									
	台阶	5	1.053							
	墙面、墙裙	2	1.02	1:3水泥砂浆	18	1:1:2混合砂浆	3	21	2	1.02
	柱面	5	1.053							
	零星项目	10	1.11	1:3水泥砂浆	18	1:1:2混合砂浆	3	21	8.5	1.09
墙地面砖	地面、踢脚线	2	1.02							
	楼梯、台阶	2	1.02			1:2水泥砂浆	20	20	2	1.02
	墙面、墙裙	2	1.02	1:3水泥砂浆	18	1:0.2:2混合砂浆	3	21	2	1.02
	柱面	5	1.053							
	零星项目	10	1.11	1:3水泥砂浆	18	1:1:2混合砂浆	3	21	8.5	1.09
瓷砖	墙面、墙裙	2	1.02	1:3水泥砂浆	10	素水泥浆 1:0.3:3 混合砂浆	11	21	2	1.02
	零星项目	10	1.11							

续表

项目		块料		砂浆						
				底层		黏结层		合计		
		损耗率(%)	消耗系数	砂浆	厚度(mm)	砂浆	厚度(mm)	总厚(mm)	损耗率(%)	消耗系数
红砖	地面	2	1.02			1:2水泥砂浆	20	20	2	1.02
	楼梯、台阶	5	1.053							
水泥花砖	地面	5	1.053			1:2水泥砂浆	20	20	2	1.02
	台阶	5	1.053							
大理石、花岗岩	地面、踢脚线	2	1.02			1:2水泥砂浆	20	20	2.5	1.026
	楼梯、台阶	5	1.053							
	挂贴墙面	2	1.02			素水泥浆 1:2.5 水泥砂浆	50	50	2.5	1.026
	挂贴柱面	5	1.053							
	粘贴墙面	2	1.02				20	20	2.5	1.026
	拼碎墙面	2	1.02				20	20	2.5	1.026
	拼碎地面	2	1.02			1:2水泥砂浆	20	2	2.5	1.026

4.65　块料面层工程材料损耗率

块料面层工程材料损耗率

(%)

项目		块料		项目	块料	
		损耗率(%)	消耗系数		损耗率(%)	消耗系数
镭射玻璃	楼地面	2	1.02			
塑料板	楼地面	2	1.02			
	踢脚线	2	1.02			
橡胶板	楼地面	2	1.02			
防静电地板		2	1.02			

4.66　隔墙、饰面、扶手施工操作损耗率及消耗系数

隔墙、饰面、扶手施工操作损耗率及消耗系数

(%)

序号	名称	损耗率(%)	消耗系数	序号	名称	损耗率(%)	消耗系数
1	木龙骨	3	1.031				
2	轻钢龙骨	4.8	1.05				
3	纤维板、胶合板、吸声板、石棉水泥板、塑料板	4.8	1.05				
4	钢丝网、钢板网	4.8	1.05				
5	石膏板	8	1.087				
6	薄木板	2	1.02				
7	钢管、不锈钢管、铝合金管扶手	5.7	1.06				
8	木扶手	3.6	1.037				
9	塑料扶手	10	1.11				

4.67　油漆工程材料损耗率及消耗系数

油漆工程材料损耗率及消耗系数

（%）

项目	损耗率（%）			消耗系数	项目	损耗率（%）			消耗系数
	配料	操作	合计			配料	操作	合计	
光油	2	1.5	3.5	1.036	硬蜡	0.5	2	2.5	1.026
松香水	1.5	3	4.5	1.047	软蜡		1	1	1.011
煤油	1.5	1.5	3	1.031	大白粉	4	4	8	1.087
汽油	3	7	10	1.111	石膏	1	2	3	1.031
清油	1	1	2	1.02	水胶	1	1	2	1.02
酒精	2	5	7	1.075	各种石性颜料	2	2	4	1.042
喷漆稀料	2	9	11	1.124	广漆	2	3	5	1.053
三宝稀料	3	7	10	1.111	地板漆	1	1	2	1.02
清漆	1	2	3	1.031	防酸漆	1	1	2	1.02
铅油	1.5	2	3.5	1.036	铁丹	2	2	4	1.042
调和漆	1	1	2	1.02	磁漆	1	2	3	1.031
万能漆	1.5	1.5	3	1.031	蜡克	1	4	5	1.053
防火漆	1.5	1.5	3	1.031	106 胶		4	4	1.042
防锈漆	2	3	5	1.053	107 胶		1	1	1.011
樟丹粉	1	3	4	1.042	乳胶漆		3	3	1.031
聚氨酯清漆	1.5	2	3.5	1.036	壁纸对花		12	12	1.136
醇酸清漆	1.5	2	3.5	1.036	壁纸不对花		2	2	1.02
漆片	0.3	0.7	1	1.011					

第5篇　节材、节水、节能措施

1　临建、临设用材料

（1）各种办公用活动房、门卫室、移动厕所、淋浴房、配电房、混凝土养护房及各种仓库，宜采用装配式阻燃型活动房或集装箱式活动房。

（2）施工现场按使用功能本着能绿化尽量不硬化的原则，硬化部分宜采用预制铺装混凝土路面或钢板铺装路面。

（3）路面硬化前须按需要预留污水管道，生产生活用水管，施工用电管。按排水流向设置排水管道，制作统一规格排水篦子。

（4）地埋电缆需预埋PVC管。

（5）配电箱及电器元件须统一。

（6）施工现场大门，围挡和围墙宜采用标准化、工具化、定型化可重复使用的材料。

2　混凝土结构工程

首先对混凝土结构工程各分部分项工程施工方案进行优化设计，对各种材料进行量化管理，建立材料使用预算量、实际消耗量、回收量台账，并进行分析。

1. 钢筋工程

（1）委托厂家生产非标准规格的定尺钢筋并采用专用软件优化下料。对产生的短细筋，及时回收利用。

（2）钢筋连接宜采用机械连接、焊接等方式，推广应用钢筋锚固板技术。

（3）及时收集散落钢筋绑扎丝，回收利用。

2. 模板工程

（1）应选用周转率高的模板和支撑体系。

（2）宜采用全钢大模板、定型模板、爬升模板和早拆模板等组拼式模板。

（3）当采用木竹制品时，应采用场下预先排版、集中加工、现场安装的方式，不应在操作层直接加工拼装。

（4）脚手架和模板支撑体系宜选用承插式、碗扣式、盘扣式等管件合一的材料。

（5）高层建筑结构施工，宜采用自爬升防护架或分段悬挑式脚手架。

（6）现场散落的铁钉、铁丝、扣件、螺栓等材料应及时回收。

（7）短小方木、模板拼接使用。

（8）模板工程使用专用模板隔离剂。

3. 混凝土工程

（1）遗洒混凝土及时回收，用于制作小型预制件、硬化场地等。

(2)高层施工应安装专用混凝土清洗落浆管,对洗泵水进行三级沉淀处理、回收利用,沉淀物应及时清出用于室外道路、地面等垫层的回填材料。

4.砌体结构工程

(1)砌体宜采用工业废料、废渣制作的砌块或其他节能环保型新型砌体材料,减少使用黏土砖数量。

(2)砌块场内运输宜采用整体包装,电动托盘车运输,减少二次搬运。

(3)砌体施工应预先排版,场下集中加工,加工车间应有除尘降噪、污水排放措施。

(4)砌块上楼按组砌图计划数量,分区域整齐码放。

(5)破损砌块应进行破碎处理,回收利用。

3　装饰装修工程

(1)施工前,块材、板材和卷材应排版优化设计。

(2)门窗、幕墙、块材、板材应采用工厂化加工。

(3)材料包装物应分类收集,回收利用。

4　保温和防水工程

(1)保温和防水材料应满足设计要求。

(2)保温和防水材料及辅助用材应根据材料特性进行有害物质限定的现场复检。

(3)板材、块材和卷材施工应结合保温和防水的工艺要求进行预先排版。

(4)余料应进行回收,集中处理。

(5)硬泡聚氨酯、刷涂、喷涂双组分防水材料,现场作业应预先计算使用量,随用随配。

(6)应对成品进行保护,避免二次返工。

5　机电安装工程

(1)应对管道下料方案进行优化,宜采用机械连接方式施工。

(2)采暖散垫片的组装应在工厂完成。

(3)预制风管下料应按先大管料、后小管料、先长料、后短料的原则进行。

(4)预制风管连接宜采用机械连接方式施工。

(5)电线导管暗敷应做到线路最短。

(6)应选用节能型电线、电缆和灯具,并进行节能测试,线缆宜采用免焊接头和机械压接等方式连接。

(7)废旧电池应及时回收,集中处理。

6　节水措施

(1)现场用水分区计量考核,定期做用水分析。

(2)根据工程实际情况,对基坑降水进行收集、储存,用作施工用水或现场绿化、降尘等。

(3)现场应设排水沟、沉淀池,对雨水、工程污水进行沉淀处理,回收利用。

(4)办公、生活区节水设施配备率应达到100%。

(5)管道试压用水、屋面和多水房间淋蓄水实验用水应优先选用非传统水源,如雨水、市政中水,并对废水进行回收,重复利用。

(6)车辆冲洗应选用循环冲洗设备,充分利用回收水。

7　节能措施

(1)现场用电应分区计量,大型施工设备应单独计量,定期做用电分析。办公生活区按人限量供电。

(2)应选用节能型照明设施、施工设备。

(3)建立健全用电管理制度,禁止出现"长明灯"现象,保证施工机械高效运行,提高施工机械满载率。

(4)应因地制宜地推广应用非传统能源,如太阳能、风能等。

(5)职工宿舍严禁使用电热丝等违规电器。

参考文献

[1] 杜翠霞. 材料员一本通. 2 版. 北京:中国建材工业出版社,2010.
[2] 全国一级建造师执业资格考试用书编写委员会. 建筑工程管理与实务. 3 版. 北京:中国建筑工业出版社,2011.

后　记

本书从2012年开始筹备,2013年开始编订,在公司领导的指导下,经过编写人员的辛勤工作,不断修改、完善,几易其稿,最终定稿。对编写过程中付出辛勤劳动的领导、编写人员表示深深感谢!由于编者水平有限,书中难免有疏漏和不足之处!在应用过程中,恳请大家多提宝贵意见,以便再版时修改。

编　者

2015年6月